碳排放权交易
理论与电力应用

主　编　郑许林　赵文会
副主编　陈　霄　张昊纬　沈　庆
　　　　周红勇　郭　勇　高乃天

中国电力出版社
CHINA ELECTRIC POWER PRESS

内 容 提 要

本书以碳排放权交易全流程为主线，依次对全球气候变化、碳排放权交易基础知识、国内外碳市场的基本情况、CCER项目及开发、温室气体排放量核算、发电企业和电网企业的温室气体排放分析、碳市场与电力市场耦合带来的影响，以文字、模型、图表、案例等形式深入浅出地进行讲解与展示。

本书适合能源经济、环境管理、碳交易、碳金融、碳资产开发与管理等领域的专业人员学习使用，还可供高等学校相关专业师生作为学习教材。

图书在版编目（CIP）数据

碳排放权交易理论与电力应用 / 郑许林，赵文会主编．—北京：中国电力出版社，2023.1（2025.1重印）

ISBN 978-7-5198-7424-7

Ⅰ．①碳…　Ⅱ．①郑…②赵…　Ⅲ．①二氧化碳－排污交易　Ⅳ．①X511

中国国家版本馆CIP数据核字（2023）第004601号

出版发行：中国电力出版社
地　　址：北京市东城区北京站西街19号（邮政编码100005）
网　　址：http://www.cepp.sgcc.com.cn
责任编辑：王蔓莉
责任校对：黄　蓓　朱丽芳
装帧设计：郝晓燕
责任印制：石　雷

印　　刷：北京天泽润科贸有限公司
版　　次：2023年1月第一版
印　　次：2025年1月北京第三次印刷
开　　本：787毫米×1092毫米　16开本
印　　张：9
字　　数：188千字
印　　数：1501—2000册
定　　价：48.00元

编　委　会

主　　编　郑许林　赵文会

副 主 编　陈　霄　张昊纬　沈　庆　周红勇　郭　勇　高乃天

编写人员　包淑慧　毛维杰　季　聪　傅文进　陈晓萌　徐　瑶　刘　陈　陈　晨　潘湧涛　葛　冰　徐嘉锐　邵明静　许梦晗　孙雨婷

前　　言

工业革命以来，人类排放了大量温室气体，引起了地区气候的快速变化，给经济社会和自然系统带来了巨大影响。中国在 2020 年 9 月 22 日联合国大会上宣布碳排放“30 · 60”（简称双碳）目标。如何科学、有效地实现双碳目标是当前各行各业都在积极思考的问题。

温室气体的排放是一项权利和资源，这已经成为国际社会的共识。理论和实践证明，在总量目标控制前提下，通过市场机制对二氧化碳排放权进行交易是实现资源优化配置的有效途径。2011 年 10 月，中国启动了国家层面的碳排放交易试点，2021 年 7 月 16 日，全国碳市场正式启动上线交易，全国碳市场覆盖约 45 亿 t 二氧化碳排放量，成为全球规模最大的碳市场，第一个履约周期纳入发电行业重点排放单位的有 2162 家，未来将逐步纳入钢铁、水泥、建材、航空、石化、化工、有色、造纸等高排放行业。控排企业、碳交易服务机构、核查机构等，都需要能够准确计算碳排放量，对碳交易政策有透彻的了解以及对金融知识有足够的认识。

针对碳市场参与主体与机构的工作人员历史经验以及相关学习资源缺乏的情况，特编写本书。本书中国以碳排放权交易全流程为主线，共包含十章。第 1 章概述了全球气候变化趋势、温室气体排放与气候变化、环境气候变化的应对策略以及中国温室气体的排放情况；第 2 章为碳排放权交易基础知识，简要介绍了碳排放的来源、碳减排主要措施及碳交易等内容。第 3 章讲述了国际环境谈判及中国面临的形势。第 4 章主要介绍了国际能源政策、碳排放权交易体系。第 5 章介绍了我国碳交易市场发展历史和现状。第 6 章介绍了 CCER 项目开发必要性、政策、资格条件、项目开发流程内容以及开发案例分析。第 7 章详细介绍温室气体排放量的核算方法。第 8 章阐述了发电企业的温室气体核算及初始分配方案。第 9 章解析了电网企业的温室气体核算、减排以及案例分析。第 10 章阐述了碳市场与电力市场的耦合影响。

本书内容全面，注重实操，从碳排放权交易各环节的具体实践操作入手，内容介绍深入浅出，为读者提供手把手式指导。国际形势与交易趋势、相关政策要求、资格条件、项目申请流程、核算方法一应俱全，各环节注意事项精准识别，使读者易理解、易上手、易操作。本书以文字、模型、图表、图片、案例等形式进行深入浅出的讲解，方便讲师授课和学员快速学习。

上海电力大学的季冲、刘毅猛、吴咨霖、张少崇、邱烨、徐书婷、柳佳彤、李蓉同学为本书的出版提供了帮助。

由于作者水平有限，书中难免有许多疏漏和不足之处。如果有任何反馈或问题，请务必与我们联系。

作　者

2022年10月

目　录

1 概　　述

温室效应是指太阳短波辐射透过地球大气射入地面，地面增暖后放出的长波辐射又被大气中的水汽、二氧化碳等所吸收，从而导致地球气候变暖的效应。温室效应本身是一种自然现象，但由于人们在生产生活中利用化石能源以生成能量等方式产生了多种温室气体，这些温室气体的不断增加引发增强了的温室效应，进而导致全球气候变暖加剧，引发了一系列气候变化问题，已引起了世界各国的关注。本章对温室气体的类型和排放情况以及温室气体的排放对气候变化的影响和应对政策进行详细介绍。

1.1 全球气候变化趋势

全球气候变化是指在全球范围内气候平均状态统计学意义上的巨大改变或者持续较长一段时间（典型的为30年或更长）的气候变动。气候变动具体是指全球气候平均值和离差值两者中的一个或两者同时随时间出现了统计意义上的显著变化。平均值的升降表明气候平均状态的变化；离差值增大表明气候状态不稳定性增加，气候异常愈明显。气候变化的原因可能是自然的内部进程、外部强迫，或者是人为地持续对大气组成成分和土地利用的改变。气候变化主要表现为：全球气候变暖（Global Warming）、酸雨（Acid Deposition）、臭氧层破坏（Ozone Depletion）。

地球的气候曾发生过显著的变化。一万年前，最后一次冰河期结束，地球的气候相对稳定在当前人类习以为常的状态。地球的温度是由太阳辐射照到地球表面的速率和吸热后的地球将红外辐射线散发到空间的速率决定的。长期来看，地球从太阳吸收的能量必须同地球及大气层向外散发的辐射能相平衡。大气中的水蒸气、二氧化碳（CO_2）和其他微量气体（如甲烷、臭氧、氟利昂等）可以使太阳的短波辐射几乎无衰减地通过，但却吸收了地球上的长波辐射。因此，这类气体有类似温室的效应，被称为温室气体。温室气体吸收长波辐射后再反射回地球，从而减少向外层空间的能量净排放，大气层和地球表面将变得热起来，这就是温室效应。大气中能产生温室效应的气体已经发现了近30种，其中二氧化碳起着重要的作用，甲烷、氟利昂和氧化亚氮也起到一定作用。主要温室气体及其特征见表1-1。从长期气候数据来看，气温和二氧化碳之间存在显著的相关关系。国际社会所讨论的气候变化问题主要是指温室气体增加而引起的气候变暖问题。

表 1-1　主要温室气体及其特征

气体	大气中浓度（ppm）	年增长（%）	生存期（年）	温室效应（CO_2=1）	现有贡献率（%）	主要来源
CO_2	355	0.4	50～200	1	55	煤、石油、天然气的燃烧和森林砍伐
CFC	0.00085	2.2	50～102	3400～15000	24	发泡剂、气溶胶、制冷剂、清洗剂
甲烷	1.714	0.8	12～17	11	15	湿地、稻田、化石、燃料、牲畜
NO_X	0.31	0.25	120	270	6	化石燃料、化肥、森林砍伐

21 世纪以来所进行的一些科学观测表明，大气中各种温室气体的浓度都在增加。1750 年之前，大气中二氧化碳含量基本维持在 280ppm。工业革命后，随着人类活动，特别是消耗的化石燃料（煤炭、石油等）的不断增长和森林植被的大量破坏，人为排放的二氧化碳等温室气体不断增长，大气中二氧化碳含量逐渐上升，每年大约上升 1.8ppm（约 0.4%），到 2022 年 5 月已上升到近 420ppm。从测量结果来看，大气中二氧化碳的增加部分约等于人为排放量的一半。按照联合国政府间气候变化专门委员会的评估，在过去一百年中，全球表面平均温度上升 0.3～0.6℃，全球海平面上升了 10～25cm。许多学者预测，到二十二世纪中叶，世界能源消费的格局若不发生根本性变化，大气中二氧化碳的浓度将达到 560ppm，地球平均温度将有较大幅度的增加。联合国政府间气候变化专门委员会 1996 年发表了新的评估报告，再次肯定温室气体增加将导致全球气候变化的结论。依据各种计算机模型的预测，如果二氧化碳浓度从工业革命前的 280ppm 增加到 560ppm，全球平均温度可能上升 1.5～4℃。

气候形势的恶化导致全球多地极端天气频发。根据《2021 年全球气候状况》统计，2021 年 6 月至 7 月，北美西部和地中海地区多地出现超过 40℃高温，部分地区最高气温超过 50℃。极端高温在美国加州、土耳其和希腊等地引发了重大森林火灾。同时，极端降雨也袭击了西欧多个国家，引发洪涝灾害，造成重大人员伤亡和财产损失；而在南美洲的巴西、巴拉圭、阿根廷等国则面临严重的干旱。极端天气事件频率和强度的上升与暴力冲突、经济衰退和疫情冲击形成危险的复合效应，破坏了几十年来全球在改善粮食安全方面取得的进展。

1.2　温室气体排放与气候变化

美国国家科学院于 2007 年下旬发布的研究报告显示，2000～2004 年世界二氧化碳排放的年增加速率是二十世纪 90 年代的近 3 倍。增加速率加大主要原因是经济活动的能力密度增大以及能力体系的碳密度增大，同时由于人口增多，且人均 GDP 增大也是造成这一问题的原因之一。2000～2004 年发展中国家排放量约占总排放量的 40%，2004 年全球排放增长的 73%来自发展中国家和少数发达经济体，这些国家和经济体的人口占世界人口的 80%。同年，发达国家排放量约占总排放量的 60%，这些国家自工业革命起至今占了积累排放量的77%。

2021年8月9日，联合国政府间气候变化专门委员会发布的报告指出，由于全球变暖，以前每50年才发生一次的极端热浪现在预计每10年发生一次，而倾盆大雨和干旱也变得更加频繁。据美国有线电视新闻网报道，联合国秘书长古特雷斯称该报告为“人类的红色警报”，指出“全球变暖正影响地球上的每个地区，其中许多变化变得不可逆转”。他表示：“警钟震耳欲聋，证据是无可辩驳的：化石燃料燃烧和森林砍伐造成的温室气体排放正扼杀我们的星球，并使数十亿人面临直接风险。”

温室气体排放导致全球平均气温上升，引发冰盖融化、极端天气、干旱和海平面上升，这种全球性影响将会危及人类生命和生活。据估计，每年有500万人死于由气候变化及碳过度排放引起的空气污染、饥荒和疾病。如果当前的化石燃料消费模式不发生改变，到2030年死亡人数可能会上升到600万人。其中超过90%发生在发展中国家。该报告评估了气候变化在2010年到2030年间对人类和经济产生的影响。

CO_2 对温室效应的“贡献”达60%。自1750～1994年，大气中的 CO_2 体积分数已从 2.80×10^{-4}（280ppm）上升到 3.58×10^{-4}（358ppm），2000年达到 3.68×10^{-4}（368ppm）。由于 CO_2 在大气中的寿命长达50～200a，即使 CO_2 的排放能维持在现有水平上，它的浓度在22世纪仍将翻一番。如果人类对 CO_2 的排放不采取有效的控制措施，预测在今后100年内，全球气温将提高1.4～5.8℃，海平面将继续上升88cm。

1.3 环境气候变化的应对策略

1.3.1 联合协议签订

为了控制全球变暖趋势，地球上的多个国家签署了多项联合协议，包括：

(1)《联合国气候变化框架公约》。联合国大会于1992年5月9日通过这一公约，同年6月在巴西里约热内卢召开的由世界部分国家政府首脑参加的联合国环境与发展会议期间开放签署。1994年3月21日，该公约生效。

(2)《京都议定书》：全称《联合国气候变化框架公约的京都议定书》，是《联合国气候变化框架公约》的补充条款。1997年12月在日本京都由联合国气候变化框架公约参加国三次会议制定。其目标是“将大气中的温室气体含量稳定在一个适当的水平，进而防止剧烈的气候改变对人类造成伤害”。

(3)《巴黎协定》：2015年12月12日在巴黎气候变化大会上通过了《巴黎协定》。《巴黎协定》长期目标是将全球平均气温较前工业化时期上升幅度控制在2℃以内，并努力将温度上升幅度限制在1.5℃以内。

1.3.2 中国应对环境气候变化的策略

制定合理的适应措施，增强适应能力，对减轻气候变化的不利影响，推进中国可持续发展战略的实施具有十分重要的作用。主要适应措施包括：①加强农业基础设施建设。选育抗逆农作物品种，发展包括生物技术在内的新技术，强化优势农产品的规模化种植带，突出高产、稳产，增强农业抗灾能力；②加强水利基础设施建设，提高防洪、抗旱、供水能力及其应变能力，将气候变化对水资源承载能力的影响作为约束条件考虑，并使这一要求具体地落实到建设项目中；③继续植树造林，提高物种对环境变化的适应能力，加强对自然保护区的保护和管理力度，加强森林火灾预防及病虫害的防治；④根据气候变化以草定畜，改变超载过牧现状，避免草场退化。遏制荒漠化趋势并使其向好的方向转化，增强草原畜牧业抗灾能力；⑤提高防潮设施的设计标准，强化沿海防潮设施的建设；⑥继续加强致病气象灾害预报，建立预报、监测和监控网络，扩大预防疫区。各地的适应措施包括：在东北地区采用冬麦北移，增加水稻种植面积等措施，合理利用农业技术，利用气候变暖的有利条件，促进粮食生产；在华北地区，建立节水型生产体系，因地制宜防治沙漠化，促进区域社会经济的可持续发展；在西北地区，提高旱区农业适应能力，合理配置水资源，发展节水农业，保护和改善生态与环境；在沿海地区，根据海平面上升趋势，逐步提高沿海防潮设施的等级标准，预警、预防极端天气气候事件的危害。提高适应能力将是应对气候变化不利影响和促进可持续发展的重要手段。适应气候变化要增加投入，这对发展中国家来讲是发展过程中的额外负担，要加强气候变化影响和适应的科学研究，完善气候变化影响的监测系统。建立适应气候变化的科技支持系统，培养一支跨学科的、具有国际先进水平的研究和管理队伍。提高中国适应气候变化的科学技术水平，提高中国应对气候变化的分析和决策能力。

1.3.3 中国应对气候变化的政策建议

2021 年 10 月 27 日《中国应对气候变化的政策与行动》白皮书提出应对气候变化的政策建议如下：

（1）不断提高应对气候变化力度。加强应对气候变化统筹协调。应对气候变化工作覆盖面广、涉及领域众多。为加强协调、形成合力，中国成立由国务院总理任组长，30 个相关部委为成员的国家应对气候变化及节能减排工作领导小组，各省（区、市）均成立了省级应对气候变化及节能减排工作领导小组。2018 年 4 月，中国调整相关部门职能，由新组建的生态环境部负责应对气候变化工作，强化了应对气候变化与生态环境保护的协同，将应对气候变化纳入国民经济社会发展规划。自“十二五”开始，中国将单位国内生产总值（GDP）二氧化碳排放（碳排放强度）下降幅度作为约束性指标纳入国民经济和社会发展规划纲要，并明确应对气候变化的重点任务、重要领域和重大工程。

建立应对气候变化目标分解落实机制。为确保规划目标落实，综合考虑各省（区、市）发展阶段、资源禀赋、战略定位、生态环保等因素，中国分类确定省级碳排放控制目标，并对省级政府开展控制温室气体排放目标责任进行考核，将其作为各省（区、市）主要负责人和领导班子综合考核评价、干部奖惩任免等重要依据。省级政府对下一级行政区域控制温室气体排放目标责任也开展相应考核，确保应对气候变化与温室气体减排工作落地见效。

加快构建碳达峰碳中和“1+N”政策体系。中国制定并发布碳达峰碳中和工作顶层设计文件，编制2030年前碳达峰行动方案，制定能源、工业、城乡建设、交通运输、农业农村等分领域分行业碳达峰实施方案，积极谋划科技、财政、金融、价格、碳汇、能源转型、减污降碳协同等保障方案，进一步明确碳达峰碳中和的时间表、路线图、施工图，加快形成目标明确、分工合理、措施有力、衔接有序的政策体系和工作格局，全面推动碳达峰碳中和各项工作取得积极成效。

（2）坚定走绿色低碳发展道路。实施减污降碳协同治理。实现减污降碳协同增效是中国新发展阶段经济社会发展全面绿色转型的必然选择。中国2015年修订的《中华人民共和国大气污染防治法》专门增加条款，为实施大气污染物和温室气体协同控制和开展减污降碳协同增效工作提供法治基础。为加快推进应对气候变化与生态环境保护相关职能协同、工作协同和机制协同，中国从战略规划、政策法规、制度体系、试点示范、国际合作等方面，明确统筹和加强应对气候变化与生态环境保护的主要领域和重点任务。

加快形成绿色发展的空间格局。中国主动作为，精准施策，科学有序统筹布局农业、生态、城镇等功能空间，开展永久基本农田、生态保护红线、城镇开发边界“三条控制线”划定试点工作。将自然保护地、未纳入自然保护地但生态功能极重要生态极脆弱的区域，以及具有潜在重要生态价值的区域划入生态保护红线，推动生态系统休养生息，提高固碳能力。

大力发展绿色低碳产业。建立健全绿色低碳循环发展经济体系，促进经济社会发展全面绿色转型，是解决资源环境生态问题的基础之策。为推动形成绿色发展方式和生活方式，中国制定国家战略性新兴产业发展规划，以绿色低碳技术创新和应用为重点，引导绿色消费，推广绿色产品，提升新能源汽车和新能源的应用比例，全面推进高效节能、先进环保和资源循环利用产业体系建设，推动新能源汽车、新能源和节能环保产业快速壮大，积极推进统一的绿色产品认证与标识体系建设，增加绿色产品供给，积极培育绿色市场。

优化调整能源结构，确立能源安全新战略，推动能源消费革命、供给革命、技术革命、体制革命，全方位加强国际合作，优先发展非化石能源，推进水电绿色发展，全面协调推进风电和太阳能发电开发，在确保安全的前提下有序发展核电，因地制宜发展生物质能、地热能和海洋能，全面提升可再生能源利用率。积极推动煤炭供给侧结构性改革，化解煤炭过剩产能，加强煤炭安全智能绿色开发和清洁高效开发利用，推动煤电行业清洁高效高质量发展，大力推动煤炭消费减量替代和散煤综合治理，推进终端用能领域以电代煤、以电代油。深化能源体制改革，促进能源资源高效配置。

强化能源节约与能效提升。为进一步强化节约能源和提升能效目标责任落实，中国实施能源消费强度和总量双控制度，设定省级能源消费强度和总量控制目标并进行监督考核。把节能指标纳入生态文明、绿色发展等绩效评价指标体系，引导转变发展理念。

积极探索低碳发展新模式。中国积极探索低碳发展模式，鼓励地方、行业、企业因地制宜探索低碳发展路径，在能源、工业、建筑、交通等领域开展绿色低碳相关试点示范，初步形成了全方位、多层次的低碳试点体系。

（3）加大温室气体排放控制力度。中国将应对气候变化全面融入国家经济社会发展的总战略，采取积极措施，有效控制重点工业行业温室气体排放，推动城乡建设和建筑领域绿色低碳发展，构建绿色低碳交通体系，推动非二氧化碳温室气体减排，统筹推进山水林田湖草沙系统治理，严格落实相关举措，持续提升生态碳汇能力。

有效控制重点工业行业温室气体排放。强化钢铁、建材、化工、有色金属等重点行业能源消费及碳排放目标管理，实施低碳标杆引领计划，推动重点行业企业开展碳排放对标活动，推行绿色制造，推进工业绿色化改造。

推动城乡建设领域绿色低碳发展。建设节能低碳城市和相关基础设施，以绿色发展引领乡村振兴。推广绿色建筑，逐步完善绿色建筑评价标准体系。开展超低能耗、近零能耗建筑示范。

构建绿色低碳交通体系。调整运输结构，减少大宗货物公路运输量，增加铁路和水路运输量。以绿色货运配送示范城市建设为契机，加快建立集约、高效、绿色、智能的城市货运配送服务体系。提升铁路电气化水平，推广天然气车船，完善充换电和加氢基础设施，加大新能源汽车推广应用力度，鼓励靠港船舶和民航飞机停靠期间使用岸电。

推动非二氧化碳温室气体减排。严格落实《消耗臭氧层物质管理条例》和《关于消耗臭氧层物质的蒙特利尔议定书》，加大环保制冷剂的研发，积极推动制冷剂再利用和无害化处理。引导企业加快转换为采用低全球增温潜势制冷剂的空调生产线，加速淘汰氢氯氟碳化物制冷剂，限控氢氟碳化物的使用。

持续提升生态碳汇能力。统筹推进山水林田湖草沙系统治理，深入开展大规模国土绿化行动，持续实施三北、长江等防护林和天然林保护，东北黑土地保护，高标准农田建设，湿地保护修复，退耕还林还草，草原生态修复，京津风沙源治理，荒漠化、石漠化综合治理等重点工程。

（4）充分发挥市场机制作用。开展碳排放权交易试点工作。碳市场可将温室气体控排责任压实到企业，利用市场机制发现合理碳价，引导碳排放资源的优化配置。

持续推进全国碳市场制度体系建设。启动全国碳市场上线交易。2021 年 7 月 16 日，全国碳市场上线交易正式启动。纳入发电行业重点排放单位 2162 家，覆盖约 45 亿 t 二氧化碳排放量，是全球规模最大的碳市场。全国碳市场上线交易得到国内国际高度关注和积极评价。截至 2021 年 9 月 30 日，全国碳市场碳排放配额累计成交量约 1765 万 t，累计成交金额约 8.01 亿元，市场运行总体平稳有序。

建立温室气体自愿减排交易机制。为调动全社会自觉参与碳减排活动的积极性，体现交易主体的社会责任和低碳发展需求，促进能源消费和产业结构低碳化，2012 年，中国建立温室气体自愿减排交易机制。

（5）增强适应气候变化能力。推进和实施适应气候变化重大战略。开展重点区域适应气候变化行动。在城市地区，制定城市适应气候变化行动方案，开展海绵城市以及气候适应型城市试点，提升城市基础设施建设的气候韧性，通过城市组团式布局和绿廊、绿道、公园等城市绿化环境建设，有效缓解城市热岛效应和相关气候风险，提升国家交通网络对低温冰雪、洪涝、台风等极端天气适应能力。在沿海地区，组织开展年度全国海平面变化监测、影响调查与评估，严格管控围填海，加强滨海湿地保护，提高沿海重点地区抵御气候变化风险能力。在其他重点生态地区，开展青藏高原、西北农牧交错带、西南石漠化地区、长江与黄河流域等生态脆弱地区气候适应与生态修复工作，协同提高适应气候变化能力。强化监测预警和防灾减灾能力。强化自然灾害风险监测、调查和评估，完善自然灾害监测预警预报和综合风险防范体系。建立了全国范围内多种气象灾害长时间序列灾情数据库，完成国家级精细化气象灾害风险预警业务平台建设。

（6）持续提升应对气候变化支撑水平。完善温室气体排放统计核算体系。建立健全温室气体排放基础统计制度。推动企业温室气体排放核算和报告，印发 24 个行业企业温室气体排放核算方法与报告指南，组织开展企业温室气体排放报告工作。碳达峰碳中和工作领导小组办公室设立碳排放统计核算工作组，加快完善碳排放统计核算体系。

加强绿色金融支持。出台气候投融资综合配套政策，统筹推进气候投融资标准体系建设，强化市场资金引导机制，推动气候投融资试点工作。大力发展绿色信贷，完善绿色债券配套政策。

强化科技创新支撑，鼓励企业牵头绿色技术研发项目，支持绿色技术成果转移转化，建立综合性国家级绿色技术交易市场，引导企业采用先进适用的节能低碳新工艺和技术。成立二氧化碳捕集、利用与封存创业技术创新战略联盟、专委会等专门机构，持续推动技术进步、成果转化。

1.4 中国温室气体排放情况

中国是世界上最大的发展中国家，2020 年人口 14.4 亿多，约占世界总人口的 18%，并拥有一个庞大的、快速增长的经济系统。2013～2021 年间，中国的国内生产总值（GDP）的年均增长速度为 6.6%。随着经济的快速发展，能源消费量也由 2013 年的 41.6 亿 t 标准煤增长到 2020 年的 49.8 亿 t 标准煤，其中煤炭消费量占 58.6%。我国的人均能源消费量 3.4t 标准煤，超过世界平均水平的 50%。

化石燃料消费是最主要的 CO_2 排放源，占中国人为 CO_2 排放的 95%左右，其他 CO_2 排放源还有水泥、钢铁等工业生产过程。据中国气候变化国别研究项目估算，1990 年我国能源活动产生的 CO_2 年排放量为 5.47 亿～5.60 亿 t 碳。另国内外相关研究曾估算，中国 2020 年 CO_2 排放量为 98.99 亿 t 碳，占全球总排放量的 30.7%左右。从人均水平看，我国2020年人均CO_2排放量只有6.9吨t，远高于全球水平每人4.4t。2020年不同国家和地区CO_2排放量及人口数量的全球占比情况见表1-2。

表1-2　　2020年不同国家和地区CO_2排放量及人口数量的全球占比情况

全球占比＼国家或地区	欧洲	北美地区	中国	亚太地区（除中国外）	其他地区
占全球CO_2排放量（%）	11.1	16.6	30.7	21.3	20.3
占全球人口（%）	9.5	8.0	18.1	46.9	17.5

甲烷（CH_4）也是重要的温室气体，其主要排放源为煤矿瓦斯、稻田、家畜、城市垃圾等。根据中国气候变化国别研究项目结果，2014年公布的国家温室气体清单显示，中国当年CH_4排放总量为5529万t，约合11.61亿t CO_2当量，占比为10.4%，是排放量第二大的温室气体。从全球尺度来看，中国也是世界上CH_4排放量最大的国家，约占全球CH_4排放总量的18%。能源活动以及农业源为最主要排放来源，二者约占排放总量的90%以上。

虽然中国的温室气体排放量呈现出不断增长的趋势，据估计已经超过美国而成为世界第一大排放国。但不容否认的是，中国温室气体排放的主要性质是保障民生的生存性排放和国际制造业的转移性排放。中国人均排放不到发达国家的三分之一，历史累积的人均排放更低，而且在排放总量中相当部分是国际制造业的转移排放。从经济全球化中国所处的产业链的位置来看，基本上还是处在低端。中国出口产品由发达国家进行消费、由中国买单的温室气体排放量，占中国排放总量的14.5%～24%。廷德尔气候变化研究中心的研究也表明，中国每年排放的温室气体中有23%以净出口的形式销往发达国家。这意味着，在中国温室气体排放量居高不下的背后，发达国家其实也扮演了重要角色。

2 碳排放权交易基础知识

2.1 中国碳排放的主要来源

在过去的几十年，我国经济与社会的发展呈现出令人瞩目的活力与动力，但是温室气体排放量呈整体上升趋势。中国是全球温室气体排放的第一大国家。2019年，中国温室气体排放总量占全球排放总量的27%以上，这一数值超过了经济合作与发展组织国家的总和。根据世界资源研究所的统计，中国碳排放主要来源于能源电力、建筑、工业生产、交通运输、农业等领域，其中能源电力占比最大，为40%左右；其次是建筑领域，占比超20%；工业生产、交通运输、农业领域占比各为5%～10%。

2.1.1 能源电力领域

中国能源禀赋总体呈现多煤、贫油、少气的特点，供电结构目前仍以燃煤发电为主，导致电力领域碳排放量居高不下。能源电力领域的二氧化碳排放量高达全国总排放量的一半。中国是世界上无可争议的“煤炭大国”，不仅享有丰富的煤炭资源，生产了近乎全球一半的煤炭，煤炭进口量也是全球第一。燃煤发电虽然经济便捷，但是也存在低效能、高排放的缺点。

据测算，在碳中和的目标下，2050年中国非化石发电量占总发电量的比例需要超过90%，燃煤发电比例则要降到5%以下。所以能源电力领域要实现碳达峰、碳中和，将面临巨大挑战。因此，能源电力领域的减排，除了需要在能源结构上减少使用高排放的燃料，还需要创新碳捕获等先进能源技术，将剩余的碳排放进行清洁处理。

2.1.2 工业生产领域

工业生产领域的温室气体排放量约占全国总排放量的三分之一，主要来自3个方面：①工业生产中高温加热的燃料（如高炉炼铁所用的燃料、工厂燃烧自有化石燃料）；②原料生产过程，如作为水泥生产原料的石灰石和合成氨过程中所用的天然气燃烧；③用于生产中间产品、低温供热等的化石燃料燃烧。

中国的制造业不仅是本国经济发展的基石，还是世界各地现代工业产品的主要供给源。对这些产品巨大的需求以及部分工业生产过程中低效的能耗，导致工业部门的碳排放量居高不下。

2.1.3 建筑领域

建筑领域碳排放的最大来源是建筑使用电力、热力导致的间接碳排放，目前约占中国碳排放总量的17%。一些商用建筑和住宅的燃料燃烧，例如燃烧柴火或者煤炭取暖、煮饭时产生的二氧化碳，都是建筑领域的碳排放来源。除此之外，一些建筑设备在使用过程中也会产生碳排放，比如空调制冷时泄漏的氢氟碳化物会比二氧化碳制造出更大的温室效应。建筑领域碳排放的另一个主要来源是建筑运行过程中的直接碳排放，包括炊事、生活热水、燃煤采暖等活动造成的碳排放。因此，建筑领域要想实现碳达峰、碳中和，最主要任务就是促进建筑节能减排，也就是控制建筑领域的间接碳排放。

2.1.4 交通运输领域

随着交通运输业的快速发展，中国交通领域的碳排放量持续上升，交通部门的温室气体排放量来自国内航空、公路、铁路运输等化石燃料燃烧，约占全国总排放量的7%。在过去20年间，随着中国经济高速发展，城镇化进程的演变，交通运输业的碳排放量也翻了一番。公安部交通管理局数据显示，截至2022年6月底，中国机动车保有量、驾驶人数分别达到4.06亿辆、4.92亿人，同比2012年分别增加1.6亿辆、2.27亿人。庞大的中国汽车市场仍在持续增长，这势必给交通运输部门实现节能减排目标带来挑战。

交通运输领域中，公路交通所产生的碳排放占碳排放总量的82%，是交通领域实现碳达峰、碳中和的重点。与公路交通相比，航空、船舶和铁路交通产生的碳排放量较小，但实现减排面临较大的技术挑战。

2.1.5 农业领域

农业领域的碳排放主要来源于包括生产过程在内的粮食系统，以及包括加工、分销在内的后农业系统。农业碳排放主要来自以下几个方面：①化肥的使用，化肥使用过程将会产生一氧化二氮、甲烷等温室气体的排放，同时化肥的生产、运输过程将会产生碳排放；②直接消耗的化石燃料的碳排放，包括农机设备的运用与灌溉设备使用；③农药的使用，包括其在生产运输过程中的碳排放。

畜牧业产生的碳排放也不容忽视，猪、牛、羊的饲养过程中会产生大量温室气体。此外，动物饲料生产需要消耗化肥、燃料，大规模养殖需要能源供给照明、温控、自动投喂，这些都间接增加了二氧化碳的排放量。还有一部分利用土地引起排放来自树木的减少。树木本身对二氧化碳有吸收作用，大量砍伐树木不仅减少了自然碳吸收的途径，还使得土壤释放二氧化碳的量有所增加，从而加重温室效应。

2.2 碳减排的主要措施

2.2.1 能源结构方面

煤炭消耗和能源生产结构以煤炭为主是导致中国碳排放总量大的直接原因，改变能源生产和消费结构、逐步降低煤炭在能源结构中的比重是实现碳中和的必由之路。要加快发展非化石能源，大力提升风电、光伏发电规模，加快发展分布式能源，支持沿海潮汐能和西南水电等清洁能源和可再生能源发展，因地制宜发展生物质能，提高非化石能源生产和消费比重。加强石油天然气开发利用和进口供应安全保障，安全稳妥推动沿海核电建设，合理控制煤电建设规模和发展节奏，逐步降低煤电比例。

有序推动高耗能、高排放等重点行业、重点企业以及城乡居民生活用能煤改气、煤改电，降低煤炭资源直接消耗规模。促进分布式太阳能光伏发电与农、林、牧、渔业融合协同发展，因地制宜依托工业和民用建筑发展分布式太阳能光伏发电。研究开展零碳城市、零碳社区、零碳校园等试点示范工作，鼓励支持具备条件的地方因地制宜开展“气化”城市、“光伏”城市、“光伏”农村等重大工程和行动，为绿色低碳发展探索新路径、积累新经验。

2.2.2 产业结构方面

产业结构方面，在短中期，能耗“双控”和碳交易有望在行政端和市场端形成合力。长期看产业链现代化和产业转型升级是必然趋势。产业结构调整手段主要包括推动产业结构转型升级，鼓励发展绿色低碳产业，支持引导传统产业节能和减排技术改造。大力发展循环经济，促进循环经济产业发展，大力支持产业园区循环化改造，促进能源资源集约节约利用，推动产业生态化和产业园区生态化发展，降低能源资源消耗强度。

2.2.3 重点行业减排

实施以碳排放强度控制为主、碳排放总量控制为辅的制度，加快对电力、钢铁、有色金属、石化化工、建材、建筑等高耗能、高碳排放行业企业以及交通运输车辆设备和公共建筑实施节能和减碳技术改造。鼓励支持节能、节水、节材等先进技术、设备和产品的应用，制定并动态调整高耗能、高碳排放行业的强制性节能、节水、节材等先进技术、设备和产品目录或强制性能耗水耗标准。逐步改善高耗能、高碳排放企业“产品出口国外、碳排放算在国内”的状况，研究通过价格、税收等经济手段和必要的行政手段引导调节高耗能、高碳排放等企业的产品出口。大力促进工业和建筑等垃圾的减量化、资源化和再利用，推进餐饮外卖、快递包装减量化、标准化、循环化。

2.2.4 低碳生活方式

节约用能，可通过倡导随手关灯、室温适宜时不使用空调等绿色生活方式，减少非必要能耗，杜绝浪费；提升能效，实现能源效率提升的主要途径是设施的节能改造。在硬件方面，可将高能耗设备替换为节能装置；在软件方面，可引入智能化控制系统以实现能效的自动化管理。

深入开展绿色低碳生活创建行动，鼓励居民绿色出行，支持居民更多地采取公共交通出行方式；扩大城市停车收费区域范围，适当提高城市停车收费价格，促使城市居民更多地减少汽车出行；大力推广新能源汽车，逐步减少燃油汽车的使用；大力推进居民生活垃圾分类和垃圾资源化、再利用，减少人们吃、住、行、游等各类消费活动的能源资源消耗强度。

加强对绿色生活消费方式的宣传和引导，充分利用传统媒介及新兴媒体，开展全方位的宣传，让人们深入了解绿色生活消费方式的环境效益、主要举措和政策措施等，凝聚形成全社会绿色生活共识，推动形成勤俭节约、绿色低碳的社会生活新风尚。

2.3 经济学外部性理论

2.3.1 外部性的概念和类型

2.3.1.1 外部性的概念

外部性的概念是由剑桥大学的马歇尔和庇古在20世纪初提出的，指一个人或一群人的行动和决策使另一个人或一群人受损或受益的，却没有给予相应支付或得到相应补偿。外部性亦称溢出效应、外部影响或外部效应。

2.3.1.2 外部性的类型

根据外部性所带来的影响是增加了社会成本还是增加了社会收益，可以将其分为正外部性和负外部性。

(1) 正外部性。正外部性指经济主体从其活动中得到的收益（即“私人收益”）小于该活动所带来的全部收益（即“社会收益”，包括这个人和其他所有人所得到的收益）。马歇尔在1890年出版的《经济学原理》中指出：“在本章中，我们主要是研究了内部经济；但现在我们要继续研究非常重要的外部经济，这种经济往往能因许多性质相似的小型企业集中在特定的地方，即通常所说的工业地区分布而获得。”从外部性产生的主体来划分，可以把外部性分为生产外部性和消费外部性。生产外部性就是在生产领域及生产活动中产生的外部性问题。消费外部性就是在消费领域及消费活动中产生的外部性。

(2) 负外部性。负外部性指经济主体为其活动所付出的成本（即“私人成本”）小于该活动所造成的全部成本（即“社会成本”，包括该人和其他所有人所付出的成本）。负外部性在提高外部性制造者效用水平的同时，却降低了相关人的效用水平，给他人带来了损害。它使构筑完全竞争模型的厂商利润最大化行为和消费者效用最大化行为产生偏差，远离了社会所要求的效率目标。与正外部性相比，负外部性的存在范围要大得多，存在着供给过剩的现象。正外部性只来源于正外部性产品，而负外部性不仅产生于对权利或物品的不正当使用，即使正当使用也会产生外部性，尤其是权利重叠导致的不相容使用问题。环境污染和生产过程中有害气体的排放属于负外部性的典型代表。某化工厂排放的污染废水影响了附近居民的健康，且没有对居民进行补偿，这就产生了负外部性。

2.3.2　区域外部性

区域外部性是指一个生产者或消费者的行为对第三方的影响只限于某一个局部地理区域。例如，工厂生产的排除的污水，影响最大的是工厂附近居民，对于其他地方的居民影响甚微。当然这里的局部地理区域可以是一个村庄、乡镇、城市、省份或者国家。就环境问题而言，通过对区域外部作用的考察，可以将区域的外部作用归纳为两种主要形式：①环境影响，如大气污染物和河流污染；②生态服务，如生物多样性维持、碳汇及吸纳其他温室气体、防风固沙、调洪蓄水、涵养水源、生物迁徙等。

2.3.3　全球外部性

全球外部性是指一个经济主体（个人或企业）给全球带来一定的益处但没有因此获得报酬，或造成一定损害但没有为此支付赔偿的效应。全球外部性与一般外部性一样，可以根据不同的标准进行分类，可分为全球正外部性和全球负外部性两大类。全球和平与安全体系、流行疾病防御体系、臭氧层保护、知识和信息、公平和正义的国际制度、有效率的国际市场体系等都具有很强的全球正外部性，而温室气体排放则是典型的全球负外部性，例如厂商为降低生产成本，放任温室气体的排放，最终造成全球气候变暖，引发全球性灾害，然而厂商并不为此支付赔偿。事实上，全球性负外部问题涉及的面很广，有自然、政治、经济、卫生健康、国家安全等方面；产生的原因与历史遗留、利益冲突、经济和社会发展不平衡等也有关。但其共性是个体对公共利益的冷漠，或者说个体理性与集体理性之间的冲突。绝大部分全球性问题也是全球负外部性问题，如全球金融危机、全球流行性疾病蔓延、全球资源过度开发和全球气候变化等。

2.3.4　碳排放的外部性

在人类的生产和生活中，传统的火电厂烧煤产生二氧化碳，经济效益由火电厂获得，但是其排放的二氧化碳所产生的各种气候变化等负面影响由全人类共同承担，这称为碳排放的外部性。这一过程虽然是一种典型的外部性效应，但又与一般意义上的外部性（如水污染或汽车尾气污染）有所不同：①二氧化碳气体可以在大气中长久地存在，而大气的流动覆盖整个地球；②过去累积的二氧化碳也会持续造成“温室效应”。因此，与一般的外部性问题相比，二氧化碳过度排放在时间和空间两个维度上都产生了外部性，其外部性是全球性的，因而更应受到人们的重视并展开积极的应对。二氧化碳的排放行为破坏的是全球的大气资源，大气层是全球最大的公共资源，大气因为其流动性，没有明确的产权主体。排放源并没有把产生的温室气体进行有效的内部化，而是排放到了没有明确产权主体的大气层中。目前，各国政府充当了大气层权利人的角色，政府应当把排放源的二氧化碳尽量内部化到排放源中，让排放源承担碳排放的治理成本，贯彻“谁排放谁治理”的原则。

2.4 经济学的产权理论

2.4.1 产权的概念和类型

2.4.1.1 产权的概念

产权归属于个人和组织，受到法律的保护或者习俗的约束。产权是权利，不是实质性的物质商品。资产的拥有者可根据产权的具体规定，拥有资产带来的收益，也要承担出现不利情况时的亏损。对产权的本质特征，新制度经济学家主要从人与财产和人与人的关系角度进行界定。在市场经济中，产权具有排他性、可交易性、独立性、法律性等特征。

2.4.1.2 产权的类型

从不同的角度对产权进行分类，分类标准不同，产权的类型也就不同。例如按产权历史发展动形态的不同可分为物权、债权和股权；按产权归属和占有主体的不同可分为原始产权、政府产权和法人产权；按产权占有主体性质的不同可分为私有产权、政府产权和法人产权。根据占有主体性质不同进行分类，具体为：

（1）私有产权。私有产权是指财产权利完全界定给个人行使，即个人完全拥有对经济物品多种用途进行选择的排他性权利，即完全受个人意志的支配。私有产权的强度由实施它的可能性与成本来衡量，这些又依赖于政府、非正规的社会行动以及通行的伦理和道德规范。在假定完全是私有产权的情况下，产权人对资源所采取的行动不会对其他任何人的私产的物质属性产生影响。

（2）政府产权。政府产权是指依照一定的法律程序所赋予或规定的各级政府的职能、职责及相应的权力结构以及政府行为的权力边界。中国现阶段的政府产权是从属于社会公有产权的，政府产权的运作是实现全体人民的利益和社会福利水平最大化的重要保证。

（3）法人产权。法人产权亦称法人所有权。法人企业对已经占用的资产具有一种完整的占有、使用、收益、支配和处置的权利。拥有独立的财产是企业法人在法律上被承认的首要条件，其财产来源于各股东的资本投入。法人产权是伴随着法人制度的建立而产生的一种权利。

2.4.2 产权界定与产权交易

2.4.2.1 产权界定

对产权的本质特征，可从人与财产的关系的角度进行界定，也可以财产为基础从人与人的关系的角度进行界定。产权包括狭义所有权、占有权、支配权、使用权，即通称的“四权”。它们是指产权主体对客体拥有的不同权能和责任，以及由它们形成的利益关系。这四种权利可分可合，共同构成产权的基本内容，其具体含义如下：

（1）狭义所有权。狭义所有权是生产资料所有制在法律上的表现，表明财产的归属权利，即财产归谁所有、由谁支配、谁来收益的生产关系。

（2）占有权。占有权指主体实际地或直接地掌握、控制或管理客体，并对它施加实际的、物质的影响的职能，即事实上的管理权。马克思说过：“实际的占有，从一开始就不是发生在对这些条件的想象的关系中，而是发生在对这些条件的能动的、现实的关系中，也就是实际上把这些条件变为自己的主题活动的条件。”

（3）支配权。支配权有两层含义：①所有权主体在事实上或者法律上决定如何安排、处理客体的权能；②主体安排或决定客体使用的方向的权能。

（4）使用权。使用权是指不改变财产的本质而依法加以利用的权利。通常由所有人行使，但也可依法律、政策或所有人之意愿而转移给他人。对财产的使用可以大致分为三种情况：①使用而不改变原有的形态和性质，如人们利用机器进行生产时，机器的物质形态和性质不变；②部分改变其形态，但根本性质不变，如人们把布做成各种各样的服装；③完全改变，甚至使其原有的形态完全消失，转换成其他的形式存在，如人们消费的食物等。

2.4.2.2 产权交易

产权交易，是指资产所有者将其资产所有权和经营权全部或者部分有偿转让的一种经济活动。转让企业产权的交易主体应是被交易企业的所有者或所有者代表。产权交易是以企业的产权，包括所有权和经营权这一特定的企业财产权利和经营权利为标的物而进行的一种交易行为。产权交易一般是有偿的，转让方要收回企业产权的资产价值。产权交易行为最终导致被交易企业产权结构的改变。

产权交易是以产权交易和资源配置为交易目的，以并购、出售、经营管理权变更为主要交易模式，产权交易的价格和买主由市场决定，交易行为必须在市场进行。

2.5 碳交易的基本原理

2.5.1 碳交易含义

碳交易是《京都议定书》为促进全球温室气体排减，以国际公法作为依据的温室气体排减量交易。在《京都议定书》要求减排的 6 种温室气体中，二氧化碳最大宗，因此温室气体排放权交易以每吨二氧化碳当量为计算单位，通称为“碳交易”。在排放总量控制的前提下，包括二氧化碳在内的温室气体排放权成为一种稀缺资源，从而具备了商品属性。

2.5.2 碳交易原理

2.5.2.1 碳交易基本原理

碳交易基本原理是买方通过碳市场购买卖方的碳排放额度，并将购得的减排放额度用于减缓温室效应，从而实现其减排的目标。

碳交易的基本原理非常直观。不同企业由于所处国家、行业或是在技术、管理方式上存在着差异，他们实现减排的成本是不同的。碳交易的目的就是鼓励单位减排成本低的企业超额减排，将其所获得的剩余配额或减排信用通过交易的方式出售给单位减排成本高的企业，从而帮助减排成本高的企业实现设定的减排目标，并有效降低实现目标的履约成本。

2.5.2.2 国际碳排放权交易

国际碳排放权交易是指在一个碳排放权交易体系下，由政府机构在一个或多个行业中设定排放总量，并在总量范围内发放一定数量的可交易配额，一般每个配额对应1t二氧化碳排放当量。

碳排放权交易体系中控排企业要为其承担责任的排放量上缴碳配额。初始配额可能会免费获得或有偿向政府购买。控排企业及其他主体还可选择交易配额或者跨期存储配额。根据不同规则，还可使用从其他渠道获取的合法排放量，如国内碳抵消机制、国际碳抵消机制或其他碳排放权交易体系。

控制配额总量可以通过市场影响配额价格，以形成鼓励减排的激励机制。如更严格的总量控制转化为更少的配额供应，在其他条件完全相同的情况下，配额价格往往较高，从而起到强有力的减排激励作用。此外，通过市场交易，使配额的价格趋同，形成价格信号，有利于发展低碳商品与服务。政府制定配额总量预期目标可形成长期市场信号，以指导控排对象相应调整规划与投资策略。

配额可免费分配或予以出售（通常以拍卖形式），免费配额分配应综合考虑历史排放量、产量能效标准等因素。配额交易不仅有助于形成透明的价格，还能增加政府的财政收入。政府可将此收入用于资助气候行动、支持创新或帮助低收入家庭等。此外，碳排放权交易体系还可运用其他机制为价格可预测性、成本控制及市场有效运作提供支持。配额出售应充分考虑各种碳减排政策和产业政策的协同效应，使碳减排政策与碳市场所要达到的价值目的一致。

2.6 碳税定义及其作用

2.6.1 碳税的定义

碳税是指通过采取征税的方式减少碳排放。政府通过征收排放的二氧化碳气体的税，填补碳排放私人成本与社会成本之间的缺口，以达到减少二氧化碳排放负外部性的目的。

碳税是对温室气体排放进行碳定价的一种形式。政府为某些部门的碳排放制定固定价格，价格从企业传递给消费者。政府希望通过增加温室气体排放的成本来抑制消费，减少对化石燃料的需求，并推动更多的公司创造环保的替代品。碳税是一个国家在不借助政府杠杆的情况下对碳排放实施某种控制的一种方式命令经济，国家可以通过这种方式控制生产资料。由于碳税不涉及复杂的机制设计，只需少量的管理和运行成本便能够大范围推行，因此适合经济发展水平较低的国家。相比于碳交易涉及高昂的管理、核查、监督等交易成本，碳税相对灵活，可以覆盖众多排放量较小或不易监管的企业，能有效避免碳泄漏现象的发生，适宜作为全国碳市场的有益补充。

2.6.2 碳税的作用

从已实施碳税的国家发展情况来看，碳税对温室气体减排以及电力系统向可再生能源结构转型都有着较为积极的影响。

碳税有助于减排，并且在多个国家和地区证实了其对于控制温室气体排放效果显著。以英国为例，英国是拥有着深厚工业和制造业底蕴的国家，也是第一个使用煤电的国家，早在1882年就建成了世界上第一座集中式公共燃煤发电机组。在工业和制造业都蓬勃发展的工业革命时期，煤炭占据了重要地位，为英国的快速发展提供了重要支撑。但煤炭的大量开采与使用使得当地的空气污染日益严重。从20世纪50年代开始，英国就开始了能源转型之路，增加石油天然气使用量，减少煤炭使用量。21世纪以来，英国更加注重可再生能源的使用，利用清洁能源逐步替代化石燃料，加强低碳能源在能源结构中的占比，并且于2013年启动了碳税。碳税是帮助英国实现电力系统低碳转型目标的重要工具，到了2017年，英国的电力结构以低碳能源为主，燃煤发电量只占总发电量的6.7%，太阳能和风能发电量占比则高达18.2%。2021年，英国的碳税上涨至18英镑/t，高昂的碳税使得低碳能源在电力结构中占比不断提升，天然气、核能发电效益不断提高，燃煤发电失去了以往的竞争力。在碳税的影响下，使用燃煤进行发电的成本不断增加，煤电厂效益不断降低，许多英国煤电厂停止运营。从1990年到2021年英国的燃煤发电规模不断缩减，由于可再生能源发电的技术不断成熟，成本不断降低，电力系统对煤电的依赖程度也逐渐降低。英国政府已宣布将在2025年前淘汰所有煤电厂。

2.7 市场体系和市场类型

2.7.1 按照市场运行机制划分

2.7.1.1 基于配额的碳交易市场

基于配额的交易是在有关机构控制和约束下，遵循“总量控制与交易”原则，即对碳排放进行总量管制和配额交易。管理者在此原则下向参与者指定、分配排放配额。基于配额的碳交易市场主要有欧盟排放交易体系（European Union Emission Trading Scheme，EU ETS)、新西兰排放交易体系（New Zealand Emission Trading Scheme，NZ ETS)、美国区域温室气体倡议（Regional Greenhouse Gas Initiative，RGGI)、中国的碳交易试点等。

2.7.1.2 基于项目的碳交易市场

基于项目的碳交易是通过项目的合作，买方向卖方提供资金支持，获得温室气体减排额度。最典型的此类交易主要包括清洁发展机制（Clean Development Mechanism，CDM)、联合履行机制（Joint Implementatian，JI）以及《京都议定书》体系外的自愿减排碳市场（Voluntary Carbon Market，VCM）等。

2.7.2 按照自愿性原则划分

2.7.2.1 强制性碳交易市场

强制性碳交易市场是指由政府机构进行监管，使用强制性制度限制特定行业的排放量。强制性碳交易市场能够为《京都议定书》中强制规定温室气体排放标准的国家或是企业有效提供碳排放权交易平台，通过市场交易实现减排目标，其中较为成熟的有欧盟排放交易体系、美国区域温室气体倡议、美国加州总量控制与交易体系、新西兰碳排放交易体系、日本东京都总量控制与交易体系等。

2.7.2.2 自愿性碳交易市场

自愿性碳交易市场，对于企业来说多是出于自愿履行社会责任、扩大品牌效益等一些非履约目标，或是具有社会责任感的个人为抵消个人碳排放、实现碳中和生活，主动采取碳排放权交易行为以实现减排。自愿碳市场概念可以追溯到1989年，早于1997年的《京都议定书》，在强制性碳市场成为各领域碳交易的主角前，自愿性碳市场曾是唯一的碳市场类型。目前在自愿碳市场中，美国芝加哥气候交易所和场外交易市场交易量较为突出。

2.7.3 其他类型划分

根据是否接受《京都协定书》辖定，碳交易市场可分为京都市场和非京都市场。根据覆盖地域范围，可分为跨国性、区域性碳交易市场、地区性碳市场。跨国性碳交易市场的典型代表为欧盟排放交易体系，它覆盖了欧盟全部成员国以及非欧盟的挪威、冰岛和列支敦士登三国；美国区域温室气体减排行动属于区域性碳市场；美国加州总量控制与交易体系、加拿大魁北克省排放交易体系等都属于地区性碳市场。

根据功能定位，可以分类为一级市场（发行市场）和二级市场（交易市场)。一级市场是对碳排放权进行初始分配的市场体系，碳排放权的供给主体是政府，市场产品主要是碳配额和减排量两类基础碳资产，买方包括履约企业和规定的组织，政府对碳排放权的价格有控制力。二级市场上碳排放权的供给是企业的减排行为获得的，供给主体是控排企业，市场产品主要是碳资产现货和碳金融衍生产品。

3 国际环境谈判及中国面临的形势

为了应对气候变化带来的影响，世界各国已进行了长达 30 多年的谈判，并先后达成《联合国气候变化框架公约》《京都议定书》及《巴黎协定》。气候变化是全球性问题，需要各个国家共同应对。由于利益诉求的不同，各国在国际气候谈判中对全球减排义务的分担上存在诸多矛盾和分歧，国际气候谈判一度陷入僵局。直至 2015 年《巴黎协定》达成，全球气候治理开启新阶段。在长达 30 多年的谈判中，中国的角色在不断变化，从参与者转向贡献者，再转向引领者。

3.1 国际气候谈判进程

国际气候谈判历经了几十年发展，发布了《联合国气候变化框架公约》《京都议定书》和《巴黎协定》这三个带有法律约束力的气候减排文件。但这三个文件的形成是曲折的，它们的形成原因蕴含在气候谈判的发展进程中。所以，研究国际气候谈判不但要研究这三个文件，还要探究全球气候变化谈判的整个发展进程。因此，本节将梳理全球气候变化谈判的发展历程，并将其分为准备阶段、初步发展、僵持阶段以及再次启程四个阶段，并进一步阐述国际气候谈判的发展变化。

第一阶段：准备阶段

在全球化进程日益加快、气候变化问题日益突出的情况下，国际社会对气候变化问题越来越关注，并相继举办了联合国人类环境会议、世界气候大会以及维拉赫会议等，重点都在于探讨如何采取措施来解决日益严重的气候变化问题。这些会议虽规定了些气候治理的指导原则，但由于其最终生成的文本并不具备约束性，所以在气候治理实践中的执行力度很低。

联合国作为世界上最大的国际组织，也将气候变化问题与其他问题结合，并把它们列入一系列国际会议之中。1988 年，联合国大会通过了以《为了当代人和子孙后代保护全球气候》为题的 43/53 号决议，此次决议是联合国大会首次将气候变化问题作为议题，呼吁各国给予气候变化问题的相应关切，国际社会也应在全球范围内针对全球变暖采取必需行动，敦促各国政府、各政府间和非政府组织和科学机构将气候变化列为优先问题，执行和促进注重行动的具体合作方案和研究。1988 年 11 月，联合国政府间气候变化专门委员会在联合国环境规划署和世界气象组织的共同推动下成立并吸收了世界各国的气象学家，秉持综合、客观、开放和透明的方式对气候变化的相关影响与减排和适应气候变化措施方面的经济及社会信息进行科学评估，这些有关气候变化的研究资料为后续的《联合国气候变化框架公约》提供了重要的理论支撑，同时也是《联合国气候变化框架公约》缔约方会议平台上开展国际气候谈判的重要文献来源。

经过两年的多次会议谈判，各方对于公约的内容和准则各执己见，立场迥异。在本着推动气候治理的初衷以及在即将召开的联合国环境与发展大会的压力下，最终于1992年5月正式通过《联合国气候变化框架公约》（简称《公约》）。《公约》的最终目标是减少温室气体的排放。《公约》指出应根据目前的科学知识对气候变化采取预防手段，制定科学的方案，同时允许根据科学客观的评价和建议适度调整公约条款。最关键的是，《公约》根据发达国家在气候变化问题方面的历史性、现实性和长期性的责任，首次提出了“共同但有区别的责任”的方针，用其来划分发达国家和发展中国家的气候减排义务。具体来说：①“共同”是指世界各个国家都有责任来爱护地球环境和采取措施预防全球变暖变得更加严重，各个国家不仅享有平等的国际气候治理事务参与权，在处理国内气候治理事务中也应履行相应的国际气候治理义务；②“区别”是指发达国家与发展中国家由于发展进程不同，所以在进行气候治理的具体行动中所承担的义务有所差别。依据该原则，发达国家对气候减排议题担负首要责任，应认真制定减排行动；发展中国家在发达国家的带领下和帮助下采取减缓和适应气候变化的国家计划，发达国家也会提供资金和技术援助给发展中国家。

第二阶段：初步发展

虽然《公约》明确了使用“共同但有区别的”原则来区分发达国家和发展中国家的减排义务，确立了气候治理的基本架构，但是提到的减排目标和减排行动较为模糊，减排标准也并不清晰，对发达国家没有设置相应的具体减排指标，这一漏洞将会让发达国家有利可钻。所以从整体来看，该原则并不利于用于发展全球气候治理。为解决当前所存在的问题，政府间谈判委员会即联合国气候变化大会在1995年通过了“柏林授权”，决定各缔约方谈判并制定一项具有法律约束力的议定书，解决之前所存在的问题，设计出可以具体量化发达国家的减排指标。

1997年，在日本京都举行了第三次公约缔约方会议，在第三次公约缔约方会议上，各国签署了继《公约》后的第二个具有里程碑意义的气候减排文件——《京都议定书》，该文件的重点在于继续推进公约所作承诺的履行进程，促进可持续发展进程。《京都议定书》可以看作是对《公约》的继承和发展，《京都议定书》仍遵循《公约》所提出的“共同但有区别”原则，并以该原则来确定各个国家的减排义务，并且不为发展中国家增加新的减排义务。《京都议定书》的改进之处在于它使减排行动的进程得到进一步的量化，以1990年作为参照年份，明确了各缔约国家在第一承诺期期间应履行的碳排放削减量。《京都议定书》也为发达国家履行《公约》承诺下的减排义务提供了量化指标，且首次以国际法形式规定发达国家的减排标准，对其污染物的排放做出定量的规定，同时也对发达国家排放二氧化碳等温室气体制定了具体时间表。发达国家只有在排放基准年排放出符合或少于规定量范围内的温室气体才能被算作在真正意义上履行了减排义务，反之则不能达标，此外发达国家还被要求承担起监测、报告和核查的义务。

《京都议定书》虽然在1997年就已在联合国气候变化大会上通过，但其生效之路却历尽坎坷，其主要的原因是以美国为首的发达国家觉得《京都议定书》对发达国家提出了更加严格和具体的减排义务和指标，而对发展中国家并未作出进一步的规定，遭到了大多数发达国家的强烈抵制。于是在1998年，气候谈判文件即《布宜诺斯艾利斯行动计划》也对发展中国家提出了进一步的要求，要求发展中国家也应开展同等的减排行动，同样地，这也受到了发展中国家的抵制。生效后的《京都议定书》虽然争议不断，但《京都议定书》作为对《联合国气候变化框架公约》的补充，明确了全球气候减排行动的总体目标，并且创建了以灵活市场为主体的碳交易机制来促进发达国家缔约方的减排行动，并以法律形式规定具体的气候减排的排放量和排放时间表，所以《京都议定书》是具有里程碑意义的气候减排文件。

第三阶段：僵持阶段

在《京都议定书》的执行期间，联合国气候变化大会相继举行了蒙特利尔气候变化大会和内罗毕气候变化大会，这也是《京都议定书》缔约方的第一届和第二届会议。会议议题围绕发展中国家在《京都议定书》执行期间的能力建设，保障了《京都议定书》的合法性，设立长期合作对话机制等重要议题，相继通过了包括促进清洁发展机制在发展中国家稳步运转的“内罗毕框架”等重要决议，并且通过建立遵约委员会来保证各成员国对《京都议定书》的履约力度以及创建在《联合国气候变化框架公约》下的长期合作对话平台。

虽然《京都议定书》为全球气候减排行动规定了明确的减排目标以及具体的执行机制，但是它的承诺期被分为两个阶段，《京都议定书》并未就这两个承诺期做出具体的目标规定，并且没有落实发达国家对发展中国家在气候减排行动的减缓和适应等方面的资金和技术。所以后来又举行了第十三次公约缔约方会议并生成《巴厘岛行动计划》，以解决《京都议定书》中有关资金援助机制等遗留问题，并确立“巴厘路线图”，建立长期气候合作特设工作组，替代原有《公约》下设的长期合作对话，为哥本哈根气候变化大会的召开进行制定长期全球减排目标，加强缓解气候变化的国家行动和适应行动等相关工作。“巴厘路线图”提出了“双轨制”谈判形式：①针对发达国家，在《京都议定书》下设立特设工作组，即承诺特设工作组，开展气候减排行动义务谈判；②面向发展中国家，通过长期气候合作特设工作组，开启发展中国家治理全球变暖长期行动的谈判议题。此外，巴厘岛气候变化大会也给予发展中国家气候适应和用于气候减排和适应行动的技术开发和转让以及资金援助问题重大关切，重申根据“共同但有区别的责任”原则，明确其不同义务。

此次会议虽仍未规定具体的气候减排目标和气候资金援助数额，但其所制定的“双轨制”谈判形式以及所建构的气候减排行动框架为哥本哈根气候大会的召开奠定了坚实的基础。巴厘岛气候大会的召开拉开了气候谈判哥本哈根时代的序幕。2009年，哥本哈根气候大会在国际社会强烈关注中举行。此次大会将巴厘岛气候大会通过的决议更加具体化，通过了《哥本哈根协议》，规定仍采用“双轨制”的谈判方式与发达国家缔约方和发展中国家缔约方分别就气候减排行动进行对话，并将气候减排目标更加具体化，以2℃作为气温变化上限，并在可持续发展的背景下对中长期减排目标进行规划，加强应对气候变化的长期合作。

为了解决哥本哈根气候大会的遗留问题，2010年在坎昆启动了新一轮气候谈判并通过了《坎昆协议》。《坎昆协议》明确了各国根据本国国情来确定实施适当气候减缓行动的原则，赋予各会员国在气候减排实践中更大的自主权。《坎昆协议》虽在一定程度上解决了哥本哈根气候大会的遗留问题，但这仍然无法改变国际气候谈判的僵持局面，《京都议定书》第二个承诺期的有关问题也未得到解决，发达国家与发展中国家仍就气候减排义务的承担以及资金援助等具体细则无法达成共识，《坎昆协议》也因未获得一致同意，不具有法律约束力，国际气候合作也停滞不前，并且《哥本哈根协议》和《坎昆协议》中对国家自主决定或根据本国情况决定减排形式的规定在保证大多数国家参与气候减排行动的同时，也冲击了以《京都议定书》所确立的“自上而下”的气候治理模式，国际气候谈判的发展陷入僵局。

第四阶段：再次启程

为了打破国际气候谈判的僵持局面，也为了就《京都议定书》第二承诺期相关安排达成共识，新的气候谈判——德班气候大会随即召开。该次会议的谈判有较大的成果：①设立了德班加强行动平台，负责制定在《京都议定书》到期后具有法律约束力的议定书，借以保证和指导后京都气候治理时代的气候减缓行动；②改变了之前提出的“双轨制”谈判形式，创建了新的“三轨制”谈判方式，在原有的承诺特设工作组和长期气候合作特设工作组的基础上增加了德班平台特设工作组。

2015年，召开巴黎气候谈判，各缔约国提交了将近98%比例的全球碳排放量的自主贡献计划。此次谈判达成了继《联合国气候变化框架公约》和《京都议定书》之后的第3个具有普遍法律约束力减排文本——《巴黎协定》，并于2016年11月正式生效。《巴黎协定》是新时期指导全球气候治理的全新减排文件，其不同主要体现在：①对长期目标的规划不同，《巴黎协定》中的减缓目标是将气候升幅定格在工业化水平的2℃以内，并努力实现1.5℃宏远目标，而《京都议定书》则较为粗略地规定将二氧化碳等温室气体排放量减少到1990水平的5%；②要求参与气候减排行动的缔约国范围不同，《巴黎协定》要求所有缔约方根据本国国情和总体减排目标提交自主贡献计划，以此展开气候减排行动，而《京都议定书》则只规定发达国家应率先采取减排行动，对发展中国家并强制未要求其实际减排行动；③气候减排形式不同，《巴黎协定》赋予各缔约方在气候减排行动中更大的自主权，明确发达国家仍承担主要减排责任，应积极实现减排目标，发展中国家也应根据自身实际情况努力实现减排义务。

《巴黎协定》不仅成为气候治理进程中的新的准则，同时也是国际气候谈判向前发展的一个重大里程碑。此后的马拉喀什会议、波恩气候大会、卡托维兹会议以及马德里气候峰会仍就《巴黎协定》中所涉及的长期气候资金、损失与损害华沙国际机制的资金来源以及1.5℃的温升目标等问题进行探讨，虽谈判过程就协定所涉的实施细节时仍十分胶着，但总体上仍认可《巴黎协定》的大部分条款，未来的国际气候谈判也将继续围绕如何更好地实施和落实《巴黎协定》等相关问题进行。

3.2 中国面临的国际气候谈判形势

2020年9月，中国国家主席习近平在第75届联合国大会一般性辩论中提出，中国将力争于2030年前实现二氧化碳排放达到峰值，努力争取2060年前实现碳中和，这一承诺引起国际社会的广泛关注。国际气候变化谈判开始于1990年，2020年是国际气候变化谈判开展30周年，也是中国参与国际气候变化谈判的第30年。这30年中中国的角色在不断变化，从参与者转向贡献者再转向引领者，这是国内外多重因素综合作用的结果。

（1）从国际层面看，世界经济格局发生深刻改变。在冷战结束以后，国际格局由两极向一超多强方向发展。21世纪以来，尤其是2008年国际金融危机之后，多极化在不同层面和不同领域越来越明显，广度和深度不断增加，发展中国家变得越来越强大，发达国家和发展中国家的国际力量对比总体上变得越来越平衡，新冠肺炎疫情更是加快了这一变化趋势。世界经济格局的重大变化令人瞩目。从全球范围看，传统发达国家、新兴经济体和众多发展中国家之间的差距不断缩小。2019年，使用汇率法计算，新兴经济体和发展中国家的经济总量在全世界所占比重增长到近40%，对世界经济增长的贡献率已经达到80%；如果保持现在的发展速度，10年后新兴经济体和发展中国家的经济总量将接近世界总量的一半，这将使全球发展的版图变得更加全面均衡。这是近代以来国际力量对比中最具革命性的、历史性的变化。

（2）从中国国家层面来看，中国角色变化有两个主要因素：①中国发展阶段的变化；②中国受到气候恶化的不利影响日益突出。这30年间，中国从低收入国家迈向中高收入国家，社会主要矛盾发生重大变化，从高速增长转向高质量增长。1990年，中国人均国民总收入仅有330美元，经济非常落后，经济发展任务繁重紧迫。中国社会的主要矛盾是“人民日益增长的物质文化需要同落后的社会生产之间的矛盾”。以经济建设为中心，追求国内生产总值高速增长是20世纪90年代以来很长一段时期的中心工作。21世纪以来，中国经济持续保持较快增长，2019年，国内生产总值接近100万亿元，稳居世界第二大经济体。

随着综合实力的提升，中国作为一个具有负责感的大国的形象日益确立，特别是习近平总书记所提出的构建人类命运共同体的理念赢得了国际社会的广泛认同。但也应清醒地认识到，“西强我弱”的国际舆论格局尚未发生根本性转变，这在国际气候谈判中表现得更加明显。

西方国家，特别是一些发达国家的媒体早已经在气候传播中确立了较为准确的角色定位和灵活多样的策略方法。对比之下，中国新闻媒体在气候传播方面重视不够、起步较晚，存在着较大欠缺。按照中国人民大学新闻学院教授郑保卫的观点，气候传播是一种将气候变化及相关议题的科学知识转化为大众理解的知识，并通过公众态度和行为的改变，寻求气候变化问题解决为目标的传播活动。中国的新闻传播实践，在有关国际气候谈判中长期以常规新闻报道为主，没有把气候新闻、谈判新闻推进到气候传播的层面。2009 年在哥本哈根召开的联合国气候大会，既是中国新闻媒体在国际气候谈判舞台上的首次亮相，也可以看作是中国气候传播的开端。中国政府早就把环境保护、节能减排定为中国基本国策，制定并出台《中国二十一世纪议程——中国 21 世纪人口、环境与发展白皮书》等，积极推进可持续发展与生态文明建设，积极参与全球环境保护和治理。

综上所述，过去的 30 年中，中国从积极参与国际气候变化谈判转变为主动引领国际气候变化谈判，转变的关键点是在 2014 年联合国气候峰会上，习近平总书记发表题为《凝聚共识落实行动 构建合作共赢的全球气候治理体系》的讲话，指出“应对气候变化是我国可持续发展的内在要求，也是负责任大国应尽的国际义务，这不是别人要我们做，而是我们自己要做”这直接改变了中国参加国际气候变化谈判的总体思路，扭转了中国在应对气候变化进程中的被动局面，使中国成为全球生态文明建设重要的参与者、贡献者和引领者。

4 国际能源政策与国际碳排放权交易体系

近年来，国际能源形势正在发生深刻变化，表现出国际能源消费重心东移、能源清洁低碳转型加快、局部地区局势持续动荡不安等特点。国际能源格局的变化影响了世界各国的能源政策。同时，气候变化已经是一个全球性的热点问题，中国对于世界各国如何利用碳排放权交易体系促进碳达峰、碳中和的关注度也随之提升。

为进一步推动中国能源领域的创新发展，本章在系统梳理国际主要国家或地区能源政策进展以及碳排放权交易体系建设的基础上，对比研究这些国家或地区成功实施碳交易制度的经验，并总结分析各国、各地区制度的异同点，对中国的制度设计提出展望。

4.1 国际主要国家能源政策及启示

4.1.1 国际主要国家或地区的能源政策

一国的能源政策很大程度影响了该国投资、消费、进出口等情况，从而改变地域性甚至全球性的供需格局。近一年来，2021 年以来全球能源转型与能源短缺相互伴随，世界各国竭力统筹协调能源绿色低碳发展与能源供应。围绕应对气候变化目标，世界各国制定和实施了一系列应对气候变化的战略、措施和行动，提出更积极的碳排放目标；各国出台能源产业支持政策，优化调整能源结构，部分国家激进退煤退核；为应对能源短缺和价格上涨，各国政府通过限价、补贴、减税等举措，尽可能减少能源价格上涨对消费者及中小企业造成的影响。同时多国相继提出禁售燃油车计划。低碳是大势所趋，以可再生能源为代表的新一轮清洁能源转型浪潮势不可挡。

本节全面回顾近一年来各国与能源相关的战略及政策动向，涉及能源战略调整、能源结构转变、能源体系优化及节能减排行动等，总结了各国开发石化能源和发展清洁能源方面的政策导向以及对能源税收的政策调整。

一、应对气候变化战略、措施和行动

（一）设定净零排放目标

截至 2022 年，全球超过 130 个国家和地区提出了净零排放或碳中和的目标。如表 4-1 所示，2021 年，多国持续探索净零排放、碳中和。欧盟最终通过《欧洲气候法案》，各成员国承诺在 2050 年前实现碳中和，承诺到 2030 年欧盟温室气体净排放总量与 1990 相比至少减少 55%；德国修改《气候保护法》，新增了交通、工业等领域的减排目标，规定

2045年实现碳中和，比原计划提前5年；美国宣布正式重返《巴黎协定》，随后承诺不迟于2050年实现温室气体净零排放；英国计划到2035年将温室气体排放量较1990年减少78%（此前设定的为减少68%）；阿联酋和沙特成为海湾地区率先提出净零排放目标的传统产油国，分别宣布到2050年、2060年实现净零排放；新兴经济体越南、俄罗斯、印度等宣布碳中和计划，目标分别为2050年、2060年、2070年实现碳中和；韩国宣布到2030年温室气体排放量比2018年水平减少35%以上，2050年实现净零排放；中国宣布"二氧化碳排放力争于2030年前达到峰值，努力争取2060年前实现碳中和""到2030年，中国单位国内生产总值二氧化碳排放将比2005年下降65%以上"。

表4-1　近期主要国家/地区能源气候战略目标[1]

国家/地区	能源气候战略目标
欧盟	2050年前实现碳中和，2030年温室气体净排放量较1990年至少减少55%
法国	依靠可再生能源和核能，实现2050净零排放目标
德国	2045年实现碳中和，比原计划提前5年；2030年温室气体排放比1990年减少65%，超过欧盟减排55%的目标
英国	2035年温室气体排放量较1990年减少78%；2035年电力系统实现100%清洁无碳供电
加拿大	2030年石油和天然气行业温室气体排放量减少40%，2050年实现净零排放
美国	2035年实现电力行业净零排放，2050年实现温室气体净零排放
俄罗斯	到2050年前温室气体净排放量在2019年排放水平上减少60%，同时比1990年排放水平减少80%，并在2060年前实现碳中和
日本	2050年实现净零排放；2050年可再生能源发电占比提升50%～60%
韩国	2030年温室气体排放量较2018年下降35%，2050年实现净零排放
印度	2030年前减少碳排放100亿吨，2070年实现净零排放
中国	二氧化碳排放力争于2030年前达到峰值，努力争取2060年前实现碳中和

（二）围绕碳中和出台行动计划

实现碳中和是一场广泛而深刻的经济社会系统性变革，2021年，欧盟、英美、俄罗斯、日韩、中国等相继出台碳达峰、碳中和行动计划。

（1）2021年7月，欧盟委员会公布了名为"Fit for 55"的一揽子提案，提出了包括能源、工业、交通、建筑等多方面举措，这也成为欧盟目前最新、最关键的低碳发展政策，将净零排放气候目标转化为具体行动。其中，在目标设定方面，修订了《减排分担条例》《土地利用、土地利用变化和林业条例》《可再生能源指令》《能源效率指令》。在标准规则制定方面，制定了更严格的汽车和货车碳排放规则、可替代性燃料的新基础设施规则、更具可持续的航空燃料规则以及更为清洁的海运燃料规则。在支持措施方面，利用税收和法律规则来促进创新，以及通过新的社会气候基金和强化的现代化和创新基金增强社会团结，减轻对弱势群体的不利影响。

[1] 中能传媒能源安全新战略研究院 邱丽静《世界主要国家能源发展战略及政策动向（2022）》

（2）英国发布《净零战略》和《绿色工业革命10点计划》，聚焦绿色产业发展。2021年10月，英国政府发布《净零战略》，全面阐述英国将如何在2050年实现有关气候变化的净零排放承诺。《净零战略》包含英国政府一系列长期的绿色改革承诺，涉及清洁电力、交通变革和低碳取暖等众多领域。该战略支持英国企业和消费者向清洁能源和绿色技术过渡，降低对化石燃料的依赖，鼓励投资可持续清洁能源，减少价格波动风险，增强能源安全；支持英国在最新的低碳技术方面获得竞争优势，包括从热泵到电动汽车、从碳捕获到氢能等。2021年11月，英国政府公布《绿色工业革命10点计划》，该计划涉及清洁能源、交通、自然和创新技术，包括利用海上风能，发展氢能，促进核能，加快向电动汽车过渡，支持零排放飞机和船舶的研究，使建筑物更绿色、更暖和、更节能，每年种植3万公顷树木等。此外，英国商业、能源和工业战略部投入9200万英镑的公共资金，为储能、海上风能和生物质生产等创新绿色技术提供支持，助力英国能源系统向清洁、绿色转型。

（3）美国发布2050年长期战略，确立净零排放实施路径。2021年11月，美国公布《美国长期战略：2050年实现净零温室气体排放的路径》，明确了各个经济领域需要采取的行动，进一步设计了到2050年的路线图。根据拜登政府所制定的路径，要在2050年前实现净零排放，需要在大部分经济领域中改用清洁能源，此外，还需要提高能源效率并推广从大气中提取二氧化碳的技术。另外，该长期战略还包括电力部门脱碳、实现终端电气化并向其他清洁燃料转型、减少能源浪费、减少甲烷等其他温室气体排放、扩大碳汇等去碳方式规模5大措施，提出了针对二氧化碳的减排和碳汇方式。美国政府表示，这些行动不仅能实现净零排放，还将带来经济、社会及环境综合效益，比如每年可减少30万例因空气污染导致的过早死亡，减缓气候变化速度，降低极端天气频率。

（4）俄罗斯发布2050年前的低碳发展战略，细化经济脱碳目标计划。2021年5月，俄罗斯首部气候法草案在杜马一读通过，为气候行动的推进建立了政策框架。该草案引入了碳交易、碳抵消、排放情况披露、污染者问责机制等。11月，俄罗斯政府批准《俄罗斯2050年前实现温室气体低排放的社会经济发展战略》，该战略对俄罗斯低碳发展和减排前景提出以提高森林等生态系统固碳能力、实现能源转型为基础的目标计划。俄罗斯将按照目标计划中的发展路径实现碳减排和碳中和，确保其在全球能源转型背景下的竞争力和可持续经济增长的同时，实现经济脱碳发展。具体来看，俄罗斯将减少化石燃料生产和运输，在石油开采领域引入现代系统，并将继续开发多元的能源资源储备，促使天然气、氢气、氨气等在低碳能源结构中发挥更大作用。

（5）2021年6月，日本经济产业省发布新版《2050碳中和绿色增长战略》。新版战略指出，需大力加快能源和工业部门的结构转型，并将旧版中的海上风电产业扩展为海上风电、太阳能、地热产业，将氨燃料产业和氢能产业合并，并新增了新一代热能产业。10月，日本发布第六版能源基本计划，制定了推进实现2050碳中和和2030年温室气体减排46%的能源政策实施路径，主要包括：①实现2050年碳中和，使用脱碳电源，创新火力发电等技术，实现电力系统脱碳，并提供廉价稳定的能源供应；②面向2030年行动政策：通过电气化、氢能化等扩大非化石能源的应用，有效利用蓄电池等分布式能源资源，发展可再生能源并将其作为主要电力来源，重新调整核能政策，规划未来火力发电，大力加强实现氢社会的措施，确保着眼于能源稳定供给和碳中和时代的能源及矿物资源供应，制定未来化石燃料供应体系，进一步推进能源体制改革。

(6) 韩国推出碳中和技术开发计划，通过法案及预算投入支持能源转型。2021年8月，韩国政府发布《碳中和产业核心技术开发计划（草案）》，提出实现2050年碳中和目标的第一阶段（2023～2030年）产业核心技术开发计划。该计划针对钢铁、石油化工、水泥、纺织、有色金属等13个行业，将投资6.7万亿韩元开发氢还原铁、高碳原料替代、氢/氨等无碳新能源/燃料、生物燃料、电加热分解工艺、塑料先进热解等核心技术。同月，韩国通过《碳中和与绿色增长框架法》，将碳中和愿景及其实施机制纳入法律，并规定了在气候影响评估、气候应对基金和公正转型等方面的政策措施。法案提出，将引入气候影响评估体系，对国家重大计划和发展项目的气候影响进行评估，将引入应对气候变化的预算体系，即在起草国家预算时设定减排目标，此外还将新设立气候应对基金，支持产业结构转型。

根据韩国环境部2022年预算，政府将投入约12万亿韩元推进碳中和行动，并向新设立的气候应对基金（2.5万亿韩元）拨款6972亿韩元。2022年，韩国将向碳中和基础设施投入5万亿韩元（占总预算的40%以上），致力于推广普及零排放汽车的应用，减少工业和公共部门的温室气体排放，培育绿色产业、激活绿色金融，扩大碳吸收源，加快向碳中和社会转型。

(7) 中国加快构建碳达峰碳中和“1＋N”政策体系。2021年10月，中国相继发布《中共中央 国务院关于完整准确全面贯彻新发展理念做好碳达峰碳中和工作的意见》（简称《意见》）和《2030年前碳达峰行动方案》（简称《方案》）。《意见》是中国对碳达峰碳中和工作进行的系统谋划和总体部署，覆盖碳达峰、碳中和两个阶段，是管总、管长远的顶层设计。《意见》在碳达峰碳中和政策体系中发挥统领作用，是“1＋N”中的“1”。《方案》是碳达峰阶段的总体部署，在目标、原则、方向等方面与《意见》保持有机衔接的同时，更加聚焦2030年前碳达峰目标，相关指标和任务更加细化、实化、具体化。《方案》是“N”中为首的政策文件，有关部门和单位将根据方案部署制定能源、工业、城乡建设、交通运输、农业农村等领域以及具体行业的碳达峰实施方案，各地区也将按照方案要求制定本地区碳达峰行动方案。除此之外，“N”还包括科技支撑、碳汇能力、统计核算、督察考核等支撑措施和财政、金融、价格等保障政策。这一系列文件将构建起目标明确、分工合理、措施有力、衔接有序的碳达峰碳中和“1＋N”政策体系。

（三）能源危机推高煤电需求

2021年是全球化石能源市场极不平凡的一年。全球各国加速应对气候变化行动，实施一系列应对气候变化战略、措施和行动，取得了积极成效。在《联合国气候变化框架公约》第26次缔约方会议（COP26）上，首次明确提及化石燃料，呼吁各国逐步减少煤炭的使用并降低低效的化石燃料补贴量。46个国家以及32家企业和其他机构签署《全球煤炭向清洁能源转型的声明》，承诺将逐步淘汰现有燃煤电厂，其中23个国家首次承诺淘汰煤电。29个国家签署《清洁能源转型国际公共支持声明》，承诺除特定情况外，2022年底前终止对国际无减排措施化石能源项目的公共支持。巴基斯坦、马来西亚、印度尼西亚、孟加拉国和斯里兰卡等国此前都有大规模发展煤电的计划，目前已通过取消项目或政策承诺的方式不再新建煤电项目；日韩等国则承诺退出煤电的海外融资；中国宣布不再新建境外煤电项目。此外，全球出现了大范围的化石能源短缺现象，尤其是2021年下半年，能源电力短缺在全球蔓延，迫使多国增加煤炭发电。根据国际能源署数据，2021年全球电力需求增长速度超过可再生能源装机增速，燃煤发电量创下历史新高。

（四）遏制甲烷排放

甲烷是仅次于二氧化碳的第二大温室气体，在国际气候合作加深的背景下，甲烷减排引发越来越多的关注。COP26期间，包括欧盟、美国在内的105个国家共同签署《全球甲烷承诺》，提出至2030年全球甲烷排放量在2020年水平上至少减少30%，并逐步采用最佳清单方法量化甲烷排放。随后，中美两国在《中美关于在二十一世纪二十年代强化气候行动的格拉斯哥联合宣言》中提出将制定一份全面、有力度的甲烷国家行动计划，并促进双方甲烷减排联合研究。

实际上，中国早已将减排甲烷提上了日程。中国的“十四五”规划已明确提出，要加大甲烷、氢氟碳化物、全氟化碳等其他温室气体控制力度，相关部门正在制定并实施工业、农业、废弃物等领域相关政策措施。中国出台的《关于完整准确全面贯彻新发展理念做好碳达峰碳中和工作的意见》提到“加强甲烷等非二氧化碳温室气体管控”；中国提交的最新的国家自主贡献文件首次明确了能源领域甲烷减排的方向：重点通过合理控制煤炭产能、提高瓦斯抽采利用率等，以及控制石化行业挥发性有机物排放量、鼓励采用绿色完井、推广伴生气回收技术等举措，有效控制煤炭、油气开采甲烷排放。

（五）实施碳市场、碳税等政策

2021年，全球碳市场的版图经历了一系列的演变发展，在多个国家和地区不断推进其碳市场建设进程的同时，有更多的政府提出了新的碳市场计划。2021年初，德国启动了覆盖供暖与运输等行业的全国碳市场，英国推行独立的碳排放交易系统。7月，欧盟委员会就碳市场改革提出进一步收紧碳交易市场、削减碳配额总量。8月，日本公布了碳市场启动计划，预计在未来一年内将实现全国性碳交易。值得注意的是，中国于7月16日正式推出了全国性碳排放权交易市场。中国碳市场共纳入发电行业重点排放单位2162家，覆盖约45亿t二氧化碳排放量，一举成为全球规模最大的碳市场。

目前，全球碳市场建设进入加速期，作用日渐凸显。碳市场的逐步成熟、碳价的不断上涨已经成为全球各行各业加大投资清洁技术的主要推动力。随着行业覆盖面积逐步扩大，碳市场有望成为推动全球减排的重要因素。

碳关税方面。2021 年 7 月，欧盟委员会在“Fit for 55”能源和气候一揽子提案中，确定了碳边境调整机制（Carbon Border Adjustment Mechanism，CBAM）征收计划。根据 CBAM，欧盟将对碳排放限制相对宽松的国家和地区进口的水泥、电力、化肥、钢铁、铝等征收碳关税。欧盟计划自 2023 年 1 月 1 日启动为期 3 年的过渡阶段，在 2026 年开始正式启动 CBAM，此举引发国际社会广泛争议。联合国贸易发展组织（UNCTAD）发布的研究报告显示，欧盟碳边境调节机制可能会改变贸易模式，有利于资源效率高、工业生产碳排放较低的国家，但对发展中国家的出口可能产生不利影响。

继欧盟之后，美国推出了碳关税计划。2021 年 7 月，美国民主党公布了《2021 年公平转型和竞争法案》，主张对进口的碳密集型商品征碳关税，且碳关税方案应当不晚于 2024 年 1 月 1 日起执行。外界认为，该计划是美国对碳关税立场的正式转变。

碳关税实际上是发达国家对从发展中国家进口高排放制造业产品施行的一种进口关税，从其发展动态来看，未来可能会扩展到物流、商贸、航空等服务业。

（六）推动建筑行业节能改造

建筑节能是节能减排的重要途径。2021 年 12 月，欧盟公布重新制定《建筑能源性能指令》的立法提案，强调通过安装光伏发电组件和储能设施，加速现有建筑的脱碳。这是继 7 月欧盟推出促进可再生能源、深化《欧洲绿色协议》的“Fit For 55”一揽子提案后的又一重大举措。该提案将促进整个欧洲家庭、学校、医院、办公室和其他建筑的翻新，欧盟委员会还提议，到 2030 年，所有新建筑必须实现零排放。根据欧洲太阳能发电协会的数据，建筑物占欧盟能源消耗的 40％和温室气体排放量的 36％，通过使用太阳能等可再生能源以及建筑节能设计，除了降低排放外，还可以降低能源费用，让消费者免受能源价格上涨的影响。

除欧盟外，新加坡、中国等国也在近期相关政策制定中将推进建筑领域节能低碳发展作为重要内容，鼓励超低能耗建筑发展和既有建筑节能改造。新加坡公布的“2030 年新加坡绿色发展蓝图”制定了未来 10 年的绿色发展目标，提出从 2030 年起新加坡 80％的新建筑将实现超低能耗，所有新注册登记的汽车都将使用清洁能源。中国出台的《“十四五”节能减排综合工作方案》提出，全面提高建筑节能标准，加快发展超低能耗建筑，积极推进既有建筑节能改造、建筑光伏一体化建设。到 2025 年，城镇新建建筑全面执行绿色建筑标准。

二、能源产业发展扶持政策

在世界各国提出碳中和、碳达峰的目标背景下，全球能源结构趋向清洁化、多元化。2021 年以来，上调可再生能源发展目标成为多国政府的一致动作，传统油气资源国纷纷制定中短期内油气产量增长计划保障本国能源供应。同时，各国抢滩布局氢能，绿氢竞争力渐增。

（一）上调可再生能源发展目标

大力发展可再生能源是实现能源清洁低碳转型的重要路径，也是世界各国的共识。

为实现更高的减排目标，多国上调可再生能源发展目标。2021 年，欧盟将 2030 年可再生能源占一次能源的比重目标从 32%提升至 40%，并要求所有成员国为之努力。

美国更新“重建更好”预算框架，在未来 10 年内为清洁能源项目投入 5500 亿美元；设立 2030 年前部署 30GW、2050 年前部署 1.1 亿 kW 海上风电的目标；计划 2021～2024 年每年新增 30GW 太阳能，2025～2030 年每年新增 60GW 太阳能，2035 年后每年新增 240GW 太阳能，并使太阳能发电满足美国 40%的电力需求。此外，近期美国能源部发布《海上风能战略》，提出了推动美国成为全球海上风电领导者的可行性策略。战略指出，到 2030 年美国海上风电装机容量需达到 30GW，以实现二氧化碳减排 7800 万 t，并刺激每年超过 120 亿美元的资金投入，创造更多的就业机会。此外，该战略确定了五大关键行动，以推动美国到 2050 年达到 110GW 的海上风电装机规模。

日韩、东南亚等国家和地区也提高了可再生能源发展目标：日本政府发布《能源基本计划》，计划 2030 年将可再生能源装机占比提升至 36%～38%，较原目标水平提高约 10 个百分点。日本新版《2050 碳中和绿色增长战略》指出，日本需大力加快能源和工业部门的结构转型，并确定海上风电、太阳能和氢能等产业的具体发展目标；韩国公布能源长期计划，将可再生能源在本国能源结构所占比例从 15.1%提高到 40%；东南亚的印度尼西亚、马来西亚计划 2025 年可再生能源占一次能源的比重分别提升至 23%、31%；印度提出的目标是到 2030 年可再生能源满足 50%的能源需求。

（二）油气资源国制定产量增长计划

在传统油气业务方面，为了使政府获得更多资金以实现向低碳化、多元化经济转型，全球油气资源国普遍制定了中短期内油气产量增长计划，通过其国家石油公司具体的增产目标便可见一二。如沙特阿美计划将油气产能从 2020 年的 1200 万桶/日提升至 1300 万桶/日；阿布扎比国家石油公司计划将原油产量从 2020 年的 400 万桶/日提升至 2030 年 500 万桶/日；巴西国家石油公司将重点开发低成本盐下资源，预计盐下油气产量将保持增长，从 2021 年约 182 万桶/日提升至 2025 年约 216 万桶/日；挪威 Equinor 计划 2019～2026 年国内油气产量年均增长率达到 3%，从 2019 年的不到 130 万桶/日增长到 2026 年的超过 160 万桶/日。

2021 年 4 月以来，随着油价快速回升，“欧佩克＋”开始逐步缩小限产规模，坚持温和增产。7 月，主要产油国在第 19 次部长级会议上达成协议，同意从当年 8 月起每月将其总产量上调 40 万桶/日，直至逐步取消日均 580 万桶的减产。12 月，“欧佩克＋”部长级会议决定维持 2022 年 8 月以来的增产路线，继续于 2022 年 1 月释放 40 万桶/日的原油增量。“欧佩克＋”表示，后续仍将密切关注疫情发展和市场变化情况，并在必要时对产量计划做出调整。

（三）支持或调整核能发展规划

2021 年，多个国家宣布了核能发展提议或目标，其中俄罗斯计划在 2035 年前新建 10 台大型核电机组，将核能发电占比提高到 25%；法国将投入 3600 多亿元重启核电建设，计划新建6座第三代原子能反应堆（Evolutionary Power Reactors，EPR）核反应堆，第一座将于2035年投入运营；英国政府同意支持在英格兰西南部建设该国二十多年来的第一座核电站；波兰正在建设本国第一座核电站，后续还将再建5座核电站；印度计划到2031年将核电总装机容量从现有的678万kW增加到2248万kW；日本将推进福岛复兴，把核能安全放在首位，扩大可再生能源，减少对核电站的依赖；2021年中国国务院发布的《政府工作报告》中提出“在确保安全的前提下积极有序发展核电”。

在上述国家发展核电的同时，也有部分国家调整其核电发展计划，放缓或放弃发展核电。如德国通过立法确定淘汰核电，2022年底将关闭国内所有核电站；比利时计划在2025年前逐步淘汰核能发电；西班牙计划在2030年前关闭国内所有核电站；瑞士明确不再批准新建核电站，对现有核电站不延期退役；美国一些小型、低效核电站受低成本天然气和可再生资源竞争的影响，宣布提前关闭。此外，韩国、瑞典等国家也计划降低核电比例。

值得注意的是，2022年欧盟委员会宣布，将核电和天然气重新纳入欧盟的可持续融资类别，旨在通过划定真正绿色的“黄金标准”，为金融市场重新定义可持续的投资方向。当然，截至目前，欧盟内部依然就核电能否被授予“绿色标签”存在较大争议。

（四）加快布局氢能产业

氢能作为清洁、高能量密度的可再生能源，受到各国普遍关注。最近一两年间，多国政府加快布局氢能产业，政策支持成为氢能实现规模化增长的关键因素。如表4-2所示，2021年，德国、法国、阿联酋、俄罗斯等多国先后宣布氢能战略。德国确认优先发展“绿氢”，法国计划推动氢能技术研发和工业应用，俄罗斯努力探索最具成本效益的“制—储—输—用”氢气一体化路线，阿联酋则以力争成为全球最重要氢气生产和出口国为己任。在中国，河北、广东、山东、浙江、北京、上海等多个省市相继在其“十四五”规划中提出发展氢能产业。

表4-2　近期主要国家/地区氢能规划

国家/地区	规划及主要内容
美国	启动“能源地球计划”，加快未来10年内在更丰富、更经济和更可靠的清洁能源解决方案的提出；投入5250万美元改进电解水制氢设备，开展生物制氢研究、电化学制氢研究和燃料电池系统设计等共31个氢能项目
英国	发布《国家氢能战略》，提出通过4个发展阶段使其成为氢能领域的全球领导者的愿景，其中包括到2025年拥有1GW的生产能力、到2030年拥有5GW的低碳氢生产能力等
德国	发布了《德国氢行动计划2021—2025》，分析了到2030年的氢经济增长预期，并为有效实施国家氢战略提出了包括绿氢获取在内的80项措施。2021年以来，德国围绕氢的研发和应用推出了一系列举措，政府资助总额超过87亿欧元，有力支持德国在整个价值链上实现氢市场的增长
俄罗斯	批准了氢能发展构想，拟定在俄打造新产业的目标、战略倡议和关键措施。俄发展氢能产业将分为三阶段进行：预计到2024年俄潜在供应量可达20万t；到2035年可达200万～1200万t；到2050年可达1500万～5000万t。

续表

国家/地区	规划及主要内容
日本	日本政府表示将从绿色创新基金中拨款至多3700亿日元（218亿元人民币）用于未来10年内加速研发和促进氢的使用。日本新能源产业技术综合开发机构宣布在“燃料电池大规模扩展应用产学研协同攻关项目”框架投入66.7亿日元，以推进氢燃料电池研发
韩国	韩国发布《氢能领先国家愿景》，将打造覆盖生产、流通、应用的氢能生态环境，争取到2030年构建产能达100万t的清洁氢能生产体系，并将清洁氢能比重提升至50%

根据彭博新能源财经预测，有22个国家将在2022年发布氢能战略。最受期待的国家包括美国、巴西和印度等。随着美国政府准备对氢能开展数十亿美元的投资，美国开发商将在2022年争相公布氢能项目。此外，新补贴将推动欧洲氢能高速发展。随着欧盟新一轮资金和国家补贴计划的启动，已公布项目最终将在2022年开始建设。

三、应对能源短缺和价格上涨举措

2021年下半年以来，全球多地出现能源电力短缺情况，国际煤炭、石油、天然气价格大幅攀升，部分国家电价暴涨。为了应对能源短缺和价格上涨，各国政府通过限价、补贴、减税等举措，尽可能减少能源价格上涨对消费者及中小企业造成的影响。

（一）限制能源价格与企业超额利润

法国、英国、西班牙等呼吁对欧盟的自由化能源市场进行改革，设置能源价格上限，保护消费者免受过高能源账单。法国政府宣布对天然气价格实行限价，通过大幅减税将2022年2月至2023年2月间的电价上涨上限控制在4%。英国从2022年4月1日起将提高电力、天然气等能源价格上限，增幅达54%。英国能源价格上限每年调整两次，以跟踪批发能源和其他成本，避免能源公司赚取超额利润，确保客户为其能源支付的价格不超过公平价格。但在价格上限以内，允许能源公司将所有合理成本转嫁给客户。西班牙政府在2021年9月宣布能源限价计划，承诺将居民的能源消费支出降到2018年的水平。上述举动虽然令各国财政收入有所损失，但在能源价格暴涨背景下，能一定程度保障本国居民基本能源消费需求。但是业界仍有担忧的声音，认为过度干预能源价格不仅会加重政府财政负担，还将令公共服务部门面临倒闭风险。

除了能源限价等措施外，还有一些国家征收暴利税，限制能源企业超额利润。例如西班牙于9月批准对能源供应商征收暴利税，预期因此获得20多亿欧元财政收入；英国也表示考虑向通过天然气价格上涨获利的能源公司征收暴利税。

（二）减免税费，发放补贴

能源价格飙升致使企业面临生产成本高涨的挑战。德国、英国、法国、意大利、西班牙等国出台了政府补贴和阶段性减税政策，降低发电侧和用户侧的能源税率，减轻企业和用户负担。

向终端消费者提供补贴。英国推出42亿英镑（约合58亿美元）的援助措施，包括给低收入家庭电费燃气费打折；同能源密集型企业协商，承诺提供贷款支持；研究其他帮助消费者的措施，比如为退休人员和低收入家庭提供更多补贴和优惠。法国为低收入家庭提供每户100欧元的“通货膨胀补贴”。意大利拨款数十亿欧元补贴发放给相关企业，并于2021年底批准最新一版2022年预算法案，计划拨款发放38亿欧元的财政补助，以应对2022年第一季度电费、燃气费持续上涨的民生压力。德国面向低收入家庭推出一项1.3亿欧元的一次性补助计划，计划在居民家庭2022年夏天收到冬季电费燃气费账单时发放，还宣布将可再生能源税降低40%以上，以减轻消费者能源价格飙升带来的负担。希腊出台保护希腊家庭免受油、气、电价格飙升影响的一揽子补贴计划，包括将电力补贴金额增加一倍、对居民用电及天然气提供优惠等。

对中小企业实施税费减免。德国减免约三分之一的可再生能源附加税，约占家庭电费的五分之一。西班牙暂停征收7%的发电税，并将电力增值税从21%降至10%。捷克宣布11月、12月暂时取消电力和天然气消费增值税。希腊降低电费账单中社会费率。巴西结束对燃煤电站的补贴时间从原计划的2027年延长至2040年。

（三）释放原油储备

面对原油市场的供应紧张和高油价的压力，多个主要消费国宣布释放原油储备。2021年11月23日，美国宣布将从战略石油储备中释放5000万桶原油。这批原油于12月中下旬投放市场，其中1800万桶直接销售，另外3200万桶高硫原油属短期交换，将于2022～2024年归还战略石油储备。继美国之后，多个国家相继宣布释放原油储备。11月24日，日本宣布释放约420万桶国家石油储备。同日，韩国外交事务部和贸易、工业和能源部也表示，将从国家战略原油储备中释放部分原油，以缓解通胀压力。印度则提出，计划从战略石油储备中释放500万桶原油。另外，英国政府表示，将允许私有石油储备释放150万桶原油。

4.1.2 主要国家或地区能源政策共同特征

处于不同经济发展阶段的国家，能源发展政策的立足点略有不同。各国政府在依据本国经济发展和能源禀赋的基础上，阶段性地调整发展战略目标以及自身的能源政策。发达国家的能源发展战略代表了世界能源发展的新潮流；发展中国家的能源发展战略存在着重视各自国情，积极跟踪世界潮流的共性。主要国家或地区能源政策共同特征如下：

（1）资源禀赋是各国制定能源政策的基础，国际社会约束则是重要影响因素。美国丰富的化石资源为其实现能源独立提供了多种选择。法国缺乏化石能源，因而积极发展核能，其后受福岛核事故影响加强发展可再生能源。日本资源匮乏并面临巨大减排压力，使其不得不重启核电、大力发展可再生能源和氢能。

（2）能源多元化和清洁、高效利用是各国能源政策的共同目标。美国积极打造化石能源、核能和可再生能源的能源组合，并发展清洁能源技术。欧盟制定了具有法律效力的减排、可再生能源和能效发展目标。日本率先提出国家层面的氢能发展战略，并将清洁高效纳入能源政策基本方针中。

（3）科技创新是实现能源政策目标的重要抓手，协同创新是科技创新的重要组织形式。美国把研究和创新放在能源政策的重要位置，形成了多套行之有效的协同创新机制，有力推动了技术向市场转化。欧盟把研究与创新置于低碳能源系统转型的中心地位，通过组建技术平台和资助研发项目等多种形式促进产学研合作。日本把科技研发作为能源政策的重要内容，通过新能源产业技术综合开发机构在政府与大学、产业界、研究机构之间架起合作桥梁。

4.2 国际碳交易体系概况

4.2.1 ETS的广泛经验

排放权交易起源于20世纪70年代美国对于发电厂污染物排放的控制。20世纪80年代，在美国逐步淘汰含铅汽油的过程中，排放权交易也发挥了重要的作用。1990年美国《清洁空气法》修正案建立了第一个大规模的、针对发电厂二氧化硫排放绝对总量限制的交易计划。此后不久，随着气候变化成为全球焦点问题，一些国家开始探索ETS。1997年《京都议定书》设立了缔约方之间的排放/减排交易的条款。2005年欧盟和挪威建立了各自的ETS，日本制定了自愿交易计划以帮助其自身履行《京都议定书》承诺。一些大公司也启动了内部碳定价计划。从那时起ETS开始逐步发展，不同的司法管辖区采用了不同的设计和方法，全球ETS建立时间表如图4-1所示。同时，部分起草但并未实施（如美国联邦一级的提案）或实施后又被废除（如澳大利亚）的ETS提案也提供了宝贵的经验教训。

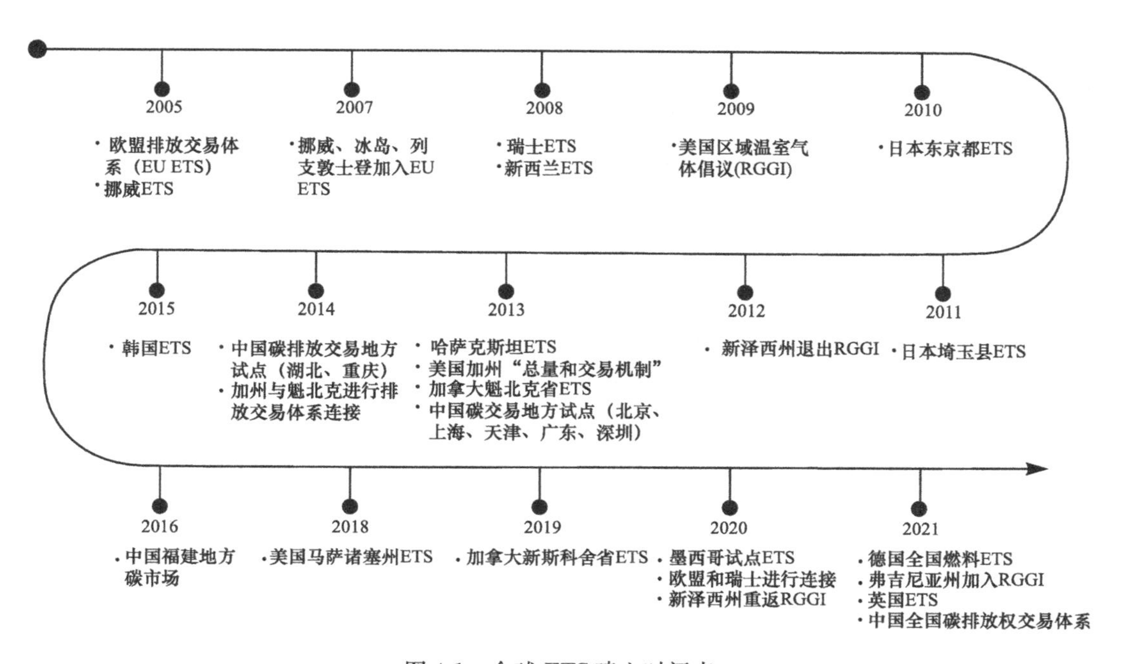

图4-1 全球ETS建立时间表

ETS的发展是在更广泛的全球气候政策背景下进行的。2015年12月通过的《巴黎协定》，其中第六条确认了国家间自愿减排合作的地位，将其与确保环境完整性的规定进行挂钩。

自2005年以来，碳市场所覆盖的排放占全球温室气体的比例扩大到之前的三倍。碳市场这一机制在全球呈快速增长态势。2022年俄勒冈州再增加一个新的碳市场，这使得碳排放交易体系所覆盖的全球温室气体排放比例已达到17%，是2005年欧盟碳市场启动时的三倍之多。这一变化过程还受到新行业和体系增加以及总量趋于逐步收紧和全球排放增加等因素的交互影响。

进行配额拍卖可增加公共财政收入。根据相关司法管辖区的优先重点，拍卖收入可用于不同方面。司法管辖区倾向使用拍卖收入资助气候项目，包括提升能效、发展低碳交通、以及开发利用清洁能源和可再生能源。拍卖收入也可用于支持能源密集型产业以及帮助弱势群体和低收入群体。拍卖收入的数额取决于司法管辖区的经济规模、碳市场覆盖范围、配额拍卖份额及其价格。

本章将着重以国际上运行时间较长且相对成熟的五个碳排放权交易体系，即欧盟排放交易体系（EU ETS）、新西兰碳排放交易体系、魁北克总量和交易机制、韩国碳排放交易体系（K ETS）和美国区域温室气体倡议（RGGI）为例，讨论碳市场设计和实施的广泛经验。

4.2.2 RGGI

区域温室气体倡议（RGGI）是美国第一个基于市场化机制致力于强制减少温室气体排放的计划，涵盖了电力部门的排放。该计划于2009年开始在10个州（康涅狄格州、特拉华州、缅因州、马里兰州、马萨诸塞州、新罕布什尔州、新泽西州、纽约州、罗德岛州和佛蒙特州）运行。其制定基于2005 RGGI谅解备忘录和2006 RGGI示范规则。通过基于示范规则的法规或条例，每个州都制定了各自的二氧化碳预算交易计划。在2011年12月第一个控制期结束时退出RGGI后，新泽西州于2020年重新加入，而弗吉尼亚州于2021年加入。

RGGI经历了两个审查过程，更新了模型规则，并对系统设计进行了更严格的限制和调整。2021年至2030年间，RGGI成员州的碳排放总量将比2020年的总量控制降低30%。RGGI的第三次审查过程目前正在进行中。

2021年，RGGI开始实施排放控制储备机制（Emissions Containment Reserve，ECR）。根据ECR，如果达到某些触发价格，则在拍卖中扣留配额，最高限额为参与州排放预算的10%（即每个州在区域上限中的份额）。扣留的津贴将不会重新发售，从而有效地向下调整上限。2022年，触发价格为6.42美元，此后每年增长7%。缅因州和新罕布什尔州没有参与ECR。

4.2.3 EU ETS

欧盟排放交易系统（EU ETS）是欧盟应对气候变化和以最低成本减少温室气体排放

的政策框架的基石。该系统覆盖了2020～2021年欧洲经济区总排放量的36%，包括电力部门、制造业和航空业的活动（包括从欧洲经济区到英国的航班）。

欧盟排放交易系统于2005年推出，目前处于第4个交易阶段，是目前生效的最古老的系统。自2005年以来，固定装置的排放量减少了约43%。

自成立以来，欧盟排放交易系统经历了几次改革。系统框架的最新版本于2018年完成，并于2021年1月生效，用于第4阶段。2021年，欧盟委员会提议对ETS进行进一步改革，以实现“欧洲绿色协议”。

欧盟排放交易系统的主要交易方式为统一价格拍卖，单轮和密封投标，由欧洲能源交易（The European Energy Exchange，EEX）每天进行。德国已选择退出通用拍卖平台，而是通过欧洲经济交易所进行国家拍卖。波兰也选择退出，但继续参与欧洲经济区的共同拍卖平台，直至另行通知。

4.2.4　魁北克总量管制与交易机制

魁北克的总量和交易机制于2013年开始运行，以降低减少温室气体排放的成本。魁北克省自2008年以来一直是西部气候倡议的成员，并于2014年正式将其系统与加利福尼亚州的联系起来。该系统涵盖电力、建筑、运输和工业中的燃料燃烧排放以及工业过程排放。

魁北克总量控制与交易体系开始了第4个履约期，并执行了一系列新规定，包括修订储备配额的价格阶梯以及改革抵消项目的资格要求。2021年下半年配额价格不断上涨。

4.2.5　NZ排放交易系统

新西兰排放交易系统于2008年启动，是新西兰缓解气候变化的核心政策。它具有广泛的部门覆盖范围。目前，农业的生物排放物有报告义务，没有移交义务。《2002年气候变化应对法案》为新西兰排放交易系统制定了立法框架，并将新西兰所有关键的气候立法纳入了一项法案。经过广泛的审查和公众协商，政府于2020年对新西兰排放交易系统进行了全面的立法改革，以改进其设计和运作，使其能够更好地支持新西兰的国际和国内减排义务。

2021年是新西兰排放交易系统进行重大改革的一年，此前通过了《2020年气候变化应对（排放交易改革）修正法案》。改革包括对单位供应量设定新的上限以及引入拍卖机制。上限代表政府可能向新西兰排放交易系统供应的装置的年度限制。根据该法案，政府需要随着时间的推移宣布年度排放上限，该上限应与政府根据独立气候变化委员会的建议制定的全经济五年排放预算保持一致。2021年8月的最新更新设定了2022～2026年期间的单位供应量。

拍卖于2021年3月开始。在整个2021年，拍卖持续售罄，清算价格大幅上涨。随着拍卖的进行，之前作为价格上限的固定价格期权在2020年后被撤回。它被成本控制储备（Cost Containment Reserve，CCR）所取代。CCR 在 9 月的拍卖中触发，2021 年的所有可用准备金都已发放待售。价格控制设置（包括 CCR 触发和拍卖底价）也在 8 月份进行了更新，并将在未来五年内增加。

4.2.6 韩国碳排放交易体系

韩国碳排放交易系统（K-ETS）于 2015 年启动，成为东亚第一个全国性强制性排放交易系统，同时也是仅次于欧盟排放交易系统的第二大碳市场。K-ETS 覆盖了该国 684 个最大的排放实体，约占全国温室气体排放量的 73.5%。K-ETS 涵盖了 6 种温室气体的直接排放以及电力消耗的间接排放。K-ETS 旨在实现韩国 2030 年更新的国家数据中心目标。K-ETS 实施的法律基础是《低碳绿色增长框架法案》（2010 年通过）。2012 年通过的《温室气体排放配额分配和交易法》及其执行法令规定了政府行动、机构和 K-ETS 的时间表。三个“总体规划”（2014 年 1 月、2017 年 2 月和 2019 年 12 月）概述了 K-ETS 的进一步细节。每个交易阶段（2014 年 1 月、2018 年 7 月和 2020 年 9 月）都发布了详细的分配计划。在 K-ETS 之前，2012 年推出了强制性温室气体和能源目标管理系统（在 2010 年开始的两年试点阶段之后）。该系统有助于收集经验证的排放数据和 MRV [包括监测（Monitoring）、报告（Reporting）、核查（Verification）] 过程中的培训，并且仍然适用于 K-ETS 未涵盖的较小实体。

2021 年，韩国颁布了《应对气候危机的碳中和的绿色增长框架法案》，将政府最初于 2020 年宣布的 2050 年碳中和目标制度化。此外，在第二十六届缔约方会议期间，政府宣布将努力提高 2030 年国家数据中心的目标，最初结果是将 2017 年的排放量减少 24.4%，比 2018 年的排放量减少 40%。这里拟议的增长比《应对气候危机的碳中和的绿色增长框架法案》中设定的最低水平高出 5%。关于排放交易机制，在评估了 2020 年合规年度的低补贴价格和供应过剩后，政府决定从 2～5 月暂停月度补贴拍卖，部分原因是受保护实体因 2019 新型冠状病毒疾病疫情而减少了排放量。这些情况还导致政府于 4 月 19～26 日对韩国交易所二级市场交易的折让实行临时最低价格。2022 年下半年，价格和交易量都有所上升。从第 3 阶段开始，韩国国内金融中介机构(“第三方”）可以获得贸易补贴，并且可以参与 KRX 上的二级市场交易以及折算碳抵消。根据这一点，自 2021 年 12 月起，批准了 20 家第三方参与碳市场。然而，他们每人最多只能持有 20 万份津贴，以避免市场份额过大。为了支持市场流动性，第二阶段引入的“做市商制度”于 2021 年 4 月任命了三家新的金融机构，加上 2019 年任命的两家做市商，现有 5 家做市商。

4.2.7 管理 ETS 的发展

ETS 政策随时间的推移而发展。对 ETS 做出改变可能会对价格、资产价值、利益相关方的观念和态度产生影响。改革可以加强或削弱 ETS 的可预测性，这取决于它们的驱动因素以及如何被决定和实施。在考虑是否实施改革以及如何实施改革时，需要预见这些影响并将其纳入决策考虑中。表 4-3 显示了 5 个长期运行的 ETS 不同情况下是如何随时间演变的。

表 4-3　　五个长期运行的 ETS 的重大事件时间表

RGGI	
时间	事件/变更
2005	谅解备忘录提出将建立一个由康涅狄格州、特拉华州、缅因州、新罕布什尔州、新泽西州、纽约州和佛蒙特州联合组成的“总量和交易机制”
	《示范规则》草案概述了 ETS 的框架
2006	已签署谅解备忘录的各州在回应公众意见而作出实质性修正后，公布正式的《示范规则》
2007—2008	各州将《示范规则》嵌入各种具体立法和条例
2008	第一次配额拍卖
2009	第一个履约期开始
2011	新泽西州宣布退出
2012	第一次评审：排放总量减少到 1.65 亿短 tCO_2
	新泽西州退出生效
2014	在第一次评审后发布的《示范规则》更新：①将排放总量上限降至 9100 万短 t CO_2；②引入 CCR；③建立临时控制期以确保受管控实体以可行的方式购买配额
2015	第二次评审开始
2017	第二次评审后发布的 2017 年版《示范规则》进一步降低总量上限、创建 ECR 和修改 CCR
2019	新泽西州通过最终条例，于 2020 年重新加入 RGGI。弗吉尼亚州公布了 2020 年加入 RGGI 的最终条例
2020	弗吉尼亚州通过了最终条例，从 2021 年开始加入 RGGI。宾夕法尼亚州年通过了相关条例草案，从 2022 年加入 RGGI
EU ETS	
时间	事件/变更
2005	第一阶段开始
2008	第二阶段开始。EU ETS 扩展到包括欧洲经济区国家（冰岛、列支敦士登和挪威）。成员国可以拍卖不超过 10%的配额
	硝酸生产产生的氧化亚氮（N_2O）排放被纳入。未履约的罚款增至 100 欧元/t
2008	EU ETS 的第一次评审进程开始
2009	指令 2009 年修订了初始 ETS 指令；第三阶段的变更包括：①在欧盟层级设定排放总量，以每年 1.74%的线性递减系数下降；②2012 年后不再接受核证碳排量（Certified Emission Reductions，CERs）（最不发达国家除外）；不接受所有 HFC－23 和氧化亚氮减排项目（适用于所有国家）；③提高拍卖配额比例：拍卖成为电力部门的默认配额分配机制；④更多的行业和气体纳入范围；⑤免费分配由欧盟统一的分配规则决定
2012	根据指令 2008/101/EC 纳入民航部门
2013	第三阶段开始。指令 2009/29/EC 中决定的第三阶段规则开始适用
2014	结构改革进程开始。 “折量拍卖”最终确定将 9 亿个配额从 2014～2016 年拍卖转移到 2019～2020 年。 欧盟委员会建议建立 MSR 以减少过剩配额的数量（流通配额总数）

续表

EU ETS	
时间	事件/变更
2015	欧洲议会和欧洲理事会通过了关于建立 MSR 的决定。 EU ETS 第四阶段的修订进程开始。
2018	部长级会议正式批准了关于第 4 阶段（2021～2030 年）的修订；第四阶段的变化包括：①LRF 从 2021 年开始由 1.74%上升到 2.2%；②2023 年之前从拍卖中移除过剩配额并将其放入市场稳定储备的速度翻一番，达到流通配额总数的 24%；③将第三阶段中被折量和未拍卖的配额放入市场稳定储备；从 2023 年起，市场稳定储备中高于前一年拍卖总量的配额将失效；④更有针对性的碳泄漏规则，到 2030 年逐步取消对风险较小部门的免费分配；⑤通过新设立的创新和现代化基金资助低碳创新和能源行业现代化
2019	市场稳定储备开始运行。截至 2020 年 8 月，市场稳定储备中已注入了近 14 亿个配额
2020	欧盟委员会宣布欧洲绿色新政，包括修改和扩大 EU ETS 覆盖范围的议案
魁北克“总量和交易机制”	
时间	事件/变更
2005	魁北克加入 WCI
2011	公布有关温室气体排放“总量和交易机制”的法规。 修订《总量和交易机制法规》，使其与 WCI 通过的规则保持一致
2012	修订《总量和交易法规》，以制定抵销机制的操作规则，并容许与其他 ETS 连接。 确定了 2013～2020 年期间的年度排放总量上限
2013	第一履约期开始
2014	与加州 ETS 连接
2014	首次与加州联合拍卖配额
2015	第二个履约期开始。 上游化石燃料分销商、供应商和首批电力供应商被纳入
2017	公布并通过了 2021～2030 年《排放总量上限规划》草案。 通过了《排放总量上限规划法规》
2018	加州和魁北克、安大略省建立连接 安大略省废除了“总量和交易机制”，切断了与加州和魁北克的连接
2019	年排放超过 10000t 二氧化碳当量但低于 25000t 二氧化碳当量的工业设施可自愿登记加入总量和交易机制
新西兰 ETS	
时间	事件/变更
2008	林业部门纳入 ETS，配额一次性分配给 1990 年以前的森林。 配额一次性分配给渔业。 对排放密集型、参与国际贸易竞争的（EITE）设施进行免费分配（但逐步减少）。 对国际碳市场开放，允许使用《京都议定书》下的减排指标进行履约
2009	新西兰 ETS 的自由裁量评审。变化包括：①引入 1 换 2 清缴义务；②按计划逐步取消 EITE 的免费分配，但推迟到 2016 年；③计划覆盖固定能源和工业的过程排放，但推迟到 2010 年年中；④对农业的覆盖推迟到 2015 年（原计划 2013 年），但须履行报告义务
2010	纳入液体燃料行业。 纳入固定能源和工业的过程排放
2012	首次强制性评审。 农业被纳入的时间被无限期推迟。 引入了 25 新西兰元的固定价格上限。 1 换 2 清缴义务延长

续表

新西兰 ETS	
时间	事件/变更
2013	覆盖废弃物处理行业
2015	停止接受京都减排指标
2015—2016	第二次强制性评审开始。 评审的第一阶段于 2016 年 5 月结束，决定取消 1 换 2 清缴义务。 评审的第二阶段以四项原则性决定结束，如下决定在执行之前需要进一步的工作和协商：①引入配额拍卖，使新西兰 ETS 与该国的 NDC 目标保持一致；②当新西兰 ETS 重新开放向国际碳市场开放时，对国际减排指标的使用进行限制；③制定不同的价格上限以取代目前的 25 新西兰元固定价格方案；④在滚动的五年期间，协调关于新西兰 ETS 配额供应设定的决策
2019	根据第二次强制性评审的第二阶段，ETS 的改进措施将公布，包括：①从 2021 年开始逐步减少工业行业的免费配额分配；②林业行业排放计算的平均化；③引入配额拍卖；④从固定价格限制过渡到成本控制储备。 与农业部门达成协议，计划在 2025 年前为其制定碳定价工具（或被纳入 ETS）
2020	应对气候变化（排放交易改革）修正法案将于 6 月中旬在议会通过，包括了第二次评审确定的所有修正案
韩国 ETS	
时间	事件/变更
2010	《低碳绿色增长框架法案》生效，为 ETS 奠定了法律基础
2012	《温室气体排放配额分配和交易法》生效。 启动强制性的温室气体和能源目标管理系统
2014	分配计划生效
2015	韩国 ETS 启动（覆盖电力、工业、建筑、公共、废弃物处理和交通运输部门）
2016	分配委员会将配额预借限额提高一倍至 200%，并以 14.72 美元的底价拍卖 900 万个额外配额。 发布 2030 年温室气体减排基本国家路线图。 发布《低碳绿色增长框架法案》修正案
2018	第二阶段开始扩大基准法分配和引入拍卖，新的存储规则允许有限度地使用国际减排指标，大于 97%的配额免费分配，小于 3%的进行拍卖。 分配委员会从 MSR 调出 550 万配额
2019	韩国开发银行和韩国工业银行发起配额拍卖。 宣布第三阶段改革，包括：①更严格的排放总量上限；②配额拍卖的使用；③从基于历史法的免费分配转向针对具体行业的基准值法；④向非受管控实体开放二级市场
2020	第三阶段配额分配计划获批；生效日期为 2021～2025 年

4.3 国际碳排放权交易趋势

截至 2021 年底，全球共有 24 个运行中的碳市场，另外有 8 个碳市场正在计划实施，目前碳市场覆盖了全球 17%的温室气体排放，全球将近 1/3 的人口生活在有碳市场的地区，这些地区 GDP 占全球总量 55%。整体而言，欧美碳市场发展较为领先。

碳市场呈现出四大发展趋势：①碳市场和碳税混合使用；②全球碳市场加速发展，但配额价格相差悬殊；③碳市场覆盖行业广泛，参与主体多元化；④后疫情时代全球合作加速进行。

4.3.1 趋势一：碳市场和碳税混合使用

碳市场和碳税是两种主要的碳定价政策工具。前者侧重总量控制与交易，所谓“总量控制”是指政府允许排放量的上限。因此，碳市场也被称为“总量和交易机制”；后者为单位排放量设定了固定的价格，使排放成本内部化，并为减排提供激励。两者均能创造收入，碳市场通过拍卖配额，而碳税作为税收的一种，可以直接增加公共财政收入。从成本收益的角度看，无论碳市场还是碳税都有加快研发低碳替代技术的动力，从而在一定程度上实现节能减排。

碳市场与其他碳定价工具的重要理论差异在于排放水平更为确定（限定了覆盖行业排放的总量），但价格并非固定，价格是由配额需求决定。

实践中，大多数碳定价政策的表现更像是一种结合了碳税、碳市场和减排机制的混合体。例如大多数碳市场采用 PSAMs 来控制配额的价格或数量，从而导致更为确定的价格和相对不确定的排放量。这让 ETS 和碳税间的区别不那么清晰。不同的碳定价政策可以并存：例如碳税作用于交通运输行业，而碳市场作用于工业和电力行业。

4.3.2 趋势二：全球碳市场加速发展，配额价格相差悬殊

自 2005 年以来，碳市场所覆盖的排放占全球温室气体的比例扩大到之前的三倍，这得益于全球对环境保护的重视日益提高，越来越多的国家或地区参与到全球碳市场的建设当中，且各个碳交易市场自身也在持续不断的发展壮大。

全球碳市场配额价格整体呈现出两个趋势：①配额价格整体处于上升通道，2021 年全球碳市场基本处于上升态势，尤其是欧盟碳市场持续上涨，因为 EU-ETS 第四阶段（2021～2030）将实施更加严格的政策，将年度总量折减因子由 1.74%提高到 2.20%，碳配额的稀缺助涨价格上升；②不同碳市场价格相差悬殊，且市场成熟度和配额价格正相关，截至 2021 年底，欧盟碳市场配额价格报收约合 700 元/t，与同期中国碳市场配额价格相差将近 12 倍。

4.3.3 趋势三：碳市场覆盖行业广泛，参与主体多元化

随着全球对温室气体减排问题的升温，目前越来越多的行业和企业参与到碳市场中。例如欧盟碳交易体系控排范围涵盖电力、工业、航空行业的 10744 个排放单位，占排放总量 45%；美国芝加哥气候交易所会员涵盖 450 多家企业，涉及电力、汽车、航空、环境、交通等行业；英国伦敦交易所要求其所在的 1800 余家企业在年报中披露碳排放情况；韩国碳排放交易所引进产业银行等政策性银行参与做市，同时推出有偿分配制度和

做市商制度，将部分原来无偿分配给参与交易的污染源企业的排放权进行有偿拍卖等。

此外，参与主体也呈现出多元化趋势，包括政府机构、金融机构、国际组织、企业和个人。例如伦敦交易所参与者主要以金融机构为主，不仅包括高盛、摩根士丹利、摩根大通、汇丰、巴克莱等，欧洲主要的能源集团也参与其中；日本的碳交易市场参与主体覆盖政府机构、金融机构、企业等。

4.3.4 趋势四：后疫情时代全球合作加速进行

新冠疫情以及地缘冲突等对全球经济造成巨大冲击，伴随经济活跃度的下降，全球碳市场需求量急剧下降，量价齐跌。但随着全球疫情管控能力提升叠加疫苗逐步普及，碳价企稳回升，碳市场慢慢恢复到正常运行状态，这是由两方面因素造成的：①价格调控工具的合理运用稳定了市场预期，缓解了供求失衡的状态；②全球碳市场正日趋完善，相关政策的连贯性和确定性也有助于提振市场信心。

后疫情时代，区域间的合作也愈加频繁。2020 年欧盟和瑞士实现了碳排放交易体系连接，使得瑞士的实体企业可以通过欧盟碳排放交易体系中获得的碳配额在瑞士进行抵扣；英国在脱欧后也正在考虑构建自己的碳交易体系，并将其与欧盟碳交易体系挂钩；美国区域温室气体倡议已将新泽西州和弗吉尼亚州纳入其中，且宾夕法尼亚州也在考虑加入其中。此外，《赫尔辛基原则》（通过制定财政政策和配置公共财政资金来驱动国家气候行动）自启动以来，已有 50 多个国家加入，并承诺共同应对气候危机。

4.4 国际碳市场经验与启示

中国碳交易市场起步时间晚，正式运行时间较短。国际能源政策以及碳排放交易体系对我国碳市场有启示和参考作用。

一、清晰的政策定位

资源禀赋是各国制定能源政策的基础，国际社会约束是重要影响因素。每个国家或地区都应该结合本国国情和本国的减排目标及行动方案，建立起一套行之有效的气候治理体系。因此，尽管统一的市场具有强制运行的机理，但在不同的气候政策框架下，应因地制宜地探索出一套适合本地区具体条件的政策组合或减排途径。

比如碳市场在各地区扮演角色并不完全相同，从国际层面来看，欧盟将其视作气候政策组合的基石；而在新西兰，碳交易则被视为减排的主要政策手段；在加拿大魁北克，因其拥有更多气候能源政策措施，碳交易则被作为后续支撑力量；韩国则是将本国碳交易体系看作是实现国家自主贡献不可或缺的政策工具；而美国的 RGGI 成员州政府仅将其视为控制和降低电力行业化石燃料燃烧产生的二氧化碳排放的一种手段。

各国治理模式同样值得中国借鉴，如 EU ETS 根据本地区参与国经济情况、制度建设和产业结构不同，采用分权化治理，成员国在排放量的选择上有很大的自主权；美国

RGGI 建立了统一的交易规则、配额管理、拍卖制度，但也保留了部分监管和奖惩的权力。

总之，因政策的定位不同，不同碳市场之间的设计和实施实践也就呈现多元化。五个碳排放权交易体系的规模、纳入设施和实体的数量以及碳价水平差别很大。

结合中国资源禀赋、地理环境、工业结构以及行业地区差异等因素，同时借鉴国际经验，国家在总量目标控制以及碳市场交易相关法律法规层面做好顶层设计，在具体环节可以允许各地政府发展保留当地特色，可在履约程序、碳抵消比例、信息平台建设等方面考虑差异化发展，因地制宜平稳推进碳市场建设。

二、逐步扩大覆盖范围和选择合适的排放监测点

从当前国际五个成熟的碳市场覆盖的行业范围和所占辖区内总排放的比例可以看出，电力和工业是碳市场首要考虑的覆盖行业；所有的碳市场均覆盖了电力行业，除 RGGI 外其他的市场也都覆盖了工业领域。对于其他覆盖行业的选取，需要结合各地不同行业的排放占比和减排成本差异、进入体系后管理的难易程度及本地区减排目标的水平来具体决定。

碳市场的覆盖范围并不是一成不变的，往往采用试点先行或者渐进式的策略逐步扩大，EU ETS 就是一个典型的例子。在中国碳排放权交易体系正式启动之前，EU ETS 是全球规模最大的碳交易市场。截至目前，它历经了四个阶段，分别是 2005～2008 年、2009～2012 年、2013～2020 年及 2021～2030 年。EU ETS 在第一阶段只涵盖了来自能源和工业部门的二氧化碳排放；第二阶段，部分工业相关的氧化亚氮排放及欧盟境内的民航业排放被逐步纳入；第三阶段开始，铝生产中的 PFCs 排放也被涵盖入内。2019 年，欧盟推出绿色新政，将其 2030 年减排目标提高至 55%，和 2005 年相比，2030 年欧盟的温室气体排放总量将至少减少 55%。为了确保这一目标的最终实现，2021 年 7 月 14 日，欧盟委员会推出了名为“fit for55”的一揽子气候政策改革方案：未来，EU ETS 的范围将进一步扩大至航运；并会建立一个针对道路运输和建筑部门的欧盟层面新的碳交易体系。

在何处监测排放量也是在设计碳市场时必须要考虑的问题之一。虽然在排放点（即排放直接进入大气的位置）的监测最为准确，但在实际操作中，不同行业会根据具体情况，在排放点供应链的上游（燃料供应商）或者下游（消费端）对排放量进行监测。例如加州和新西兰碳市场中，对于道路运输排放的监测就是在供应链的上游。

电力行业中，如果发电企业能将增加的碳价成本转嫁给消费者，那么可采用在上游（如新西兰）或排放点（如欧盟和 RGGI）监测。在碳价传导很弱或无法传导时，严格的电价管制可以通过将大型电力消费者产生的电力间接排放纳入碳市场，把碳价信号传导到供应链的下游，韩国就采用了这一方法。而在加州，因为本地电力消费中有相当一部分来自外调电力，所以经外部电网输入的电力所产生的间接排放也被纳入了碳市场。这样的双重覆盖有助于传导碳价信号，进而激励减排。

因此对于中国来说，除了现有的规模大的电力等重点行业以外，应尽可能地将更多企业、行业纳入强制性减排范畴，以保证减排责任与义务由全社会共同承担，加快“双碳”目标实现。

三、设定总量和分配配额

目前国际主流控制总量目标的方式是控制绝对总量，采用自上而下的方法，以历史数据为基础，向后预测未来时间段内的排放总量，这对数据的准确性提出了较高要求。中国碳市场在发展初期，可建立健全相关碳排放评估手段，明确管制对象，在充分了解行业和企业特性的基础上，多方搜集数据，交叉验证，尽可能减小误差，以便能够从全局出发，设置更合理的减排总量目标，为实现“3060”目标奠定良好基础。

四、监测、报告、核查和履约

监测、报告和核查是碳排放权交易体系必不可少的基础支撑系统。国际上的五个体系均采取了电子化的排放报告平台或者模板，并由独立第三方机构对排放报告进行核查，此外加州和韩国还要求对监测计划进行年度核查。在排放量的监测和核算方面，各个体系根据自身实际情况出发，规定了不同的方法和要求。

同时，为了确保碳市场的公平、公正和有效性，严格的履约制度也是碳交易中一个必须的环节。除了建立注册登记系统，记录配额的创建、交易、转移、清缴和注销之外，还必须建立起有公信力的惩罚制度来确保履约，例如曝光、罚款、补缴等措施。

结合中国现行发展状况，可以从统一标准、完善第三方核查制度以及严格管控 3 方面着手改进，即形成统一的、准确的、透明的以及完整的 MRV 标准，使得企业在排放温室气体时有一定程度的把控，核查机构也有一致的监管标准；第三方核查制度应充分发挥市场力量，鼓励企业自主选聘核查机构，降低核查成本；还应该对核查工作及时进行评估，在技术水平、落实程度、结论等方面精益求精。

五、调节和干预市场

运作良好的市场功能是碳交易向全社会释放碳价信号的关键一环。市场内的碳价水平主要取决于供求关系，通常由总量水平和配额分配来调节。然而配额的有效期、履约周期的长短、市场参与主体的范围、交易产品的类型以及经济和技术发展的重大变化等，也会对碳价信号造成影响。如何保持碳市场的价格信号不被扭曲，在持续激励减排的同时又能保持全社会以最优成本实现减排目标，是碳市场管理者必须要平衡的关键问题。通常需要建立价格或配额供应的调节和干预机制来防范市场波动风险。五个典型的碳市场都发展了各自的市场调节和干预措施，包括设置价格上下限和基于一定条件或规定的调节机制，有效防止价格过高或者过低的风险。这些措施可以在一定水平和时间范围内维持碳价的可预见性，而一个稳健且不断上升的碳价信号可以激励低碳投资并降低其回报风险，推动全社会持续减少温室气体排放。

六、尽快建立中国版“MSR”和“CCR”调节机制

从欧美碳市场发展实践看，建立市场稳定储备机制是必要且紧迫的。欧美碳市场发展初期也走过不少弯路，由于供过于求，碳价持续低迷，直到欧盟引入 MSR 机制将过剩配额搁置，减少市场供给，才使得碳价起底回升。美国的 CCR 机制是通过拍卖价格触及阈值来调节配额供给。MSR 是让供给影响价格，CCR 是让价格影响供给，本质上都是调节市场供需、稳定价格的工具。

为了维持配额的供需平衡，使碳价运行在稳定合理的价格区间，建议中国在碳市场起步阶段就尽早研究建立科学的价格调控机制，一旦错过这个时机，等出现问题时再研究相关机制的设计，可能事倍功半。

综上所述，中国碳交易市场正式运行时间较短，正处于起步阶段，应该怀着“摸着石头过河”的态度，小心求证，把每一步都走踏实。立足中国自身经济发展情况、资源禀赋以及产业布局等制定相关政策法规。充分借鉴欧美碳市场政策规则，积极推动更多行业加入碳交易市场，为中国碳交易市场繁荣发展提供政策支撑和充足的专业基础。

碳达峰和碳中和目标是中国政府的一项重大决策部署，是一次广泛而深刻的系统性变革，同时也是一场硬仗。全国碳市场的不断发展和完善，无疑是这一进程的重要推手。

5 中国碳交易市场的发展历史与现状

碳交易是以市场为基础的碳定价工具，是一种以最具成本效益的方式减少碳排放的激励机制。人类活动和经济发展伴随的大规模化石能源消耗产生了大量温室气体，提高了碳环境容量的稀缺程度。人类生产生活中过量使用碳环境容量会产生极高的社会成本，而碳交易市场的碳定价就是对温室气体排放给社会带来的外部成本进行市场定价，使其价值在市场中反映出来。为合理利用碳交易，促进双碳目标的实现，中国首先进行了区域碳交易试点的尝试。

5.1 区域碳交易试点

中国区域性碳交易市场试点制度的建立经历了五个重要节点：①2011 年发布《关于开展碳排放权交易试点工作的通知》；②2012 年发布《温室气体自愿减排交易管理暂行办法》；③2013 年党的十八届三中全会要求发展碳排放权交易制度；④2016 年发布《关于构建绿色金融体系的指导意见》；⑤2019 年应对气候变化及减排职能由国家发展改革委调整至生态环境部。

2010 年 7 月国家发展改革委员会发布的《关于开展低碳省区和低碳城市试点工作的通知》（发改气候〔2010〕1581 号）提出“组织开展低碳省区和低碳城市试点工作”，这是中国碳交易市场发展的开端。2010 年 10 月发布的《国务院关于加快培育和发展战略性新兴产业的决定》（国发〔2010〕32 号）首次正式提出“建立和完善主要污染物和碳排放交易制度”，这是中国首次正式提出碳排放交易制度。2011 年 10 月，《国家发展改革委办公厅关于开展碳排放权交易试点工作的通知》（发改办气候〔2011〕2601 号）同意北京市、天津市、上海市、重庆市、广东省、湖北省及深圳市开展碳排放权交易试点；2012 年 11 月 26 日确立了第二批 29 个国家低碳省区和低碳城市试点。首批的 7 个碳交易试点的交易机制以碳排放强度为基础，为随后进行第二批低碳试点和建立全国碳交易机制积累了交易数据和交易经验。2016 年 12 月，福建省启动碳交易市场，作为国内第 8 个碳交易试点。

国家发展改革委员会于 2012 年 6 月印发的《温室气体自愿减排交易管理暂行办法》（发改气候〔2012〕1668 号）以及国家发展改革委员会办公厅 2012 年 10 月印发的《温室气体自愿减排项目审定与核证指南》（发改办气候〔2012〕2862 号）构建了自愿减排交

易市场的整体框架和系统性规范，为构建强制性碳减排市场提供了必要补充。2013 年 11 月，党的十八届三中全会决议要求发展碳排放权交易制度。在 2015 年 12 月召开的巴黎气候大会上，习近平主席强调中国将建立全国碳交易市场，以减少温室气体排放和应对气候变化。2016 年 1 月 11 日发布的《国家发展改革委办公厅关于切实做好全国碳排放权交易市场启动重点工作的通知》提出将石化、化工、建材、钢铁、有色、造纸、电力、航空等重点排放行业纳入全国碳排放权交易体系，并对企业历史碳排放进行核算，为碳交易市场的配额分配提供数据支撑。碳交易市场的组织体系、资金技术和市场制度的顶层设计不断完善。2016 年 3 月，《碳排放权交易管理条例》被国务院办公厅列入立法计划预备项目。

2016 年 8 月 31 日，中国人民银行等七部门联合印发《关于构建绿色金融体系的指导意见》（银发〔2016〕228 号），强调要发展各类碳金融产品，促进建立全国统一的碳排放权交易市场和有国际影响力的碳定价中心，有序发展碳远期、碳掉期、碳期权、碳租赁、碳债差、碳资产证券化和碳基金等碳金融产品和衍生工具，探索研究碳排放权期货交易。碳金融市场的产品创新促进了碳交易市场制度的完善，有助于发挥金融在碳排放容量资源优化配置中的作用。在制度推进的同时，中国碳交易市场的实践在制度创新的保障下落地并开始试点。国家发展改革委员会于 2011 年宣布了 7 个碳排放权交易试点城市。试点排放交易计划因城市和地区而异，在限额和目标部门方面有所不同，通过创建几个不同设计的试点交易系统并总结经验，为实施独特的全国性碳排放权交易计划提供坚实的基础。

目前中国试点碳交易市场已经运行近十年，重点排放单位的碳排放总量和强度都有所下降。地方碳交易试点的碳交易产品丰富，取得了较好的减排效果，为全国碳交易市场的建设和运行积累了经验。例如，北京市碳交易市场重点排放单位数量多、范围广，纳入高校、医院、政府机关等众多公共机构；碳交易市场产品体系丰富，包括配额市场和众多产品构成的抵消市场。其中，抵消产品既有中国核证自愿减排量（CCER），还纳入了林业碳汇项目、“我自愿每周再少开一天车”活动等多种方式产生的经审定的碳减排量；实行交易价格预警，超过 20～150 元/t 的价格区间将可能触发配额回购或拍卖等公开市场操作程序。在 7 个市场中，北京市是唯一一个要求对制造业和服务业现有设施进行年度绝对减排的试点城市，这些行业的公司每年将获得更少的配额。其他区域的碳排放交易体系不要求绝对减排，但要求降低单位工业增加值的碳排放强度。

深圳市和天津市允许个人投资者和金融机构等不在碳排放交易范围内的实体参与交易，这导致交易频率更高，价格波动也更大。在覆盖范围方面，中国区域性碳交易市场试点仅针对二氧化碳，覆盖了一个城市或省市总排放量的 40%～60%，适用于电力和其他重工业，如钢铁、水泥和石化。

中国的区域性碳交易市场试点在配额分配制度方面不断创新。中国分配配额的标准方法是基于过去几年历史排放数据的祖父法，同时考虑行业特征和减排成本。在大多数情况下，限额是排放强度的上限。天津、上海、湖北等地为了价格管理和成本控制，会预留一定的配额。同时，在北京、天津、上海、深圳和广东试点中，拍卖可以作为小部分配额的补充方式。未来，深圳试点计划将比例增加到全面拍卖。湖北试点的独特之处是保留20%的初始配额用于早期行动奖励。

中国的区域性碳交易市场试点探索了多元化的碳金融产品。随着碳交易市场的发展，中国碳金融产品不断丰富，碳资产融资产品有碳配额质押、碳减排量质押、碳债券、碳配额回购交易等；碳金融衍生服务有磁资产管理服务、碳市场信息服务、碳市场咨询服务、碳市场指数和碳信用评级等。例如，2014年5月8日，中广核风电有限公司（以下简称“中广核”）发行10亿元5年期的中期票据（“碳债券”），浮动利率部分与CCER收益挂钩，浮动利率的区间设定为5BP～20BP（基点）。中广核“碳债券”最终发行利率为5.65%，较同期限AAA信用债估值低46BP，成为中国首支碳金融衍生品，对于其他涉及CCER或配额的项目有借鉴意义。2014年9月，湖北宜化集团以210.9万t碳配额作为质押担保，获得兴业银行4000万元质押贷款，用于企业减排改造。评估标准为每吨碳配额价格23.7元，湖北碳市场开市以来的二级市场平均价格乘以通用贷款系数0.8，最终确定贷款额为4000万元。

这些区域性碳交易市场制度体系的试验和创新，为全国碳交易市场制度体系的建设提供了很好的示范和经验，为全国碳交易市场制度体系的构建奠定了基础。此外，在中国区域性碳排放权交易制度体系的设计中，还引入了抵消机制，开发出各种自愿核证减排机制，使自愿减排市场产品得以进入强制性减排市场，提升了区域性碳交易市场的流动性。不同的试点区域在制度体系设计中有较大差异，通过比较不同制度的绩效，可为全国性碳交易市场制度建设提供较为充足的数据和经验。

5.2 碳交易试点与履约情况

5.2.1 碳排放权交易市场范围

从各试点地区碳市场覆盖行业范围来看，各省市均已将碳市场的范围扩展到几十种不同行业中，覆盖企业数量为两千多家，在各省市范围内已初具规模效益。从表5-1可以看出，深圳市覆盖企业数量居首，为635家，其次是北京市的490家，覆盖数量最少的是天津市的114家和湖北省的138家。覆盖企业数量差异的存在与当地经济发展水平、社会环境、政治因素存在关联，但最大原因还是地区间碳排放权交易政策的差异性。差异性显示了不同地区的特色，也导致了碳排放权交易的效益差距。从表5-1可以看出试点地区的覆盖行业范围也存在较大差异，覆盖数量有差异，行业侧重点也有差异。试点省市中深圳市、上海市、北京市和福建省的行业范围明显较大，电力行业均被覆盖，污水处理和废弃物处理等废物处理行业尚未被覆盖。由此可见中国目前的碳排放权交易市场覆盖行业仍以高耗能行业为主，其运行状况在一定程度上反映了行业耗能差异及其本身的碳排放差异，同时也显示出中国对于垃圾处理方面不够重视。中国作为世界人口大国，在日常生产生活中能源消耗与人口基数成正比，因此垃圾废弃物产量巨大，在碳排放权交易市场中本应成为一个重点的垃圾处理行业反而是其中的一个缺口。总的来说我国碳排放权交易市场覆盖行业范围并不宽泛，且区域差异大，存在明显缺口。

表 5-1　　试点地区碳市场范围

试点地区	覆盖行业范围	覆盖企业数量
北京市	电力、水泥、热力、石化、汽车制造业、公共建筑及其他工业	490
广东省	电力、水泥、钢铁、陶瓷、石化、金属、塑料和造纸等行业	202
湖北省	电力、水泥、钢铁、化工等行业	138
上海市	电力、石化、钢铁、化工、金属、橡胶和化学纤维等行业	197
深圳市	电力、燃气、供水等 26 个工业行业	635
天津市	电力、钢铁、化工、热力、石化、油气开采	114
重庆市	电力、水泥、钢铁等工业行业	242
福建省	电力、石化、化工、钢铁、建材、民航、造纸、陶瓷等 9 个行业	255

5.2.2　碳排放权交易配额分配

应在完成总量控制目标的前提下，充分结合经济发展水平、社会环境、能源产业结构、企业技术水平等要素，确定碳排放权交易配额的分配模式。目前中国碳排放权交易配额分配仍以无偿分配为主导，仅部分省市引入拍卖等有偿分配模式，还有部分预留配额用于市场调节。就碳排放权交易而言，其交易成本一定是不为零的，在此前提下无偿分配模式不仅增加交易成本，还会阻碍交易量的增加。而有偿分配不仅比无偿分配更有效率，还可以有效提高财政收入，推动减排技术革新。在有关法律依据和评估标准缺失的前提下，我国没有统一的配额模式也没有分配方式选择上的统一标准，具体运行过程中存在任意性和不稳定性。

从中国试点省市的配额分配现状来看，各地区都制定了独立的分配方式。从表 5-2 可以看出，大多数试点省市在碳额分配过程中采用了无偿分配模式。北京市碳排放权交易所采用了无偿分配和有偿分配相结合的混合模式，并且以无偿分配为主；广东省也采用了混合模式，并区分不同的机组，采用行业基准线法与历史排放法相结合的两种分配方式；湖北省主要采用无偿分配模式，具体实施过程中使用历史强度法、行业基准线法等分配方法。上海市采用无偿分配模式，具体采用行业基准线法：深圳市采用混合分配模式，规定每年的拍卖量不得低于总配额量的 3%，对于不同电厂采用不同的分配方式。天津市分配模式以无偿分配为主，同时也通过适当的有偿分配对过高的市场价格进行调控，具体分配对采用历史强度法和行业基准线法相结合的方式；重庆市按照历史法分配方法和无偿分配模式。各试点的配额分配具有很大的差异性，区域间市场缺乏应有的公平性。各地分配依据不同，核算范围不同，生产技术不同，整体上缺乏统一的配额标准。这很容易造成配额不均和过度集中，甚至形成垄断局面，既压抑了企业积极性，也对未来全国统一的碳排放权交易市场的形成提出巨大挑战。

表 5-2　试点地区配额分配模式和方法

试点地区	分配模式	分配方法
北京市	混合模式：95%以上配额免费，以上一年数据为依据，按年度发放	历史强度法
广东省	混合模式：95%以上配额免费，按年度发放，考虑经济社会发展趋势	热电联产机组采用历史排放法：纯发电机组采用行业基准线法
湖北省	无偿分配模式：100%配额免费	历史法、标杆法
上海市	无偿分配模式：100%配额免费，适度考虑行业增长	行业基准线法
深圳市	混合模式：90%以上配额免费，且考虑行业增长	行业基准线法、历史强度法、历史排放法
天津市	无偿分配模式：100%配额免费，每年可调整	历史强度法、行业基准线法
重庆市	混合模式：无偿分配为主，适当的有偿分配对过高的市场价格进行调控	历史强度法、行业基准线法
福建省	无偿分配模式：100%配额免费	基准线法、历史强度法

5.2.3 碳排放权交易市场主体

在碳排放权交易市场中扮演着“主角”的是交易主体，在碳市场中占据着重要地位，市场交易主体的多元化关乎碳排放交易市场竞争秩序的形成、维护以及交易效率的提高。《碳排放权交易管理暂行条例》（草案修改稿）第十二条通过正反两方面对交易主体作出规定：①正面而言，单位和个人都可以参与碳市场，但要求是重点排放单位和其他符合规定的自愿参与其中的；②反面而言，规定了 3 类不得从事碳排放权交易的主体，分别是国家碳排放权注册登记系统和交易系统运行管理机构、核查机构及其工作人员。从中国立法现状和各碳排放交易试点的实践来看，碳排放权交易市场的交易主体包含履约和自愿两大类主体：①碳排放权交易市场中的履约主体是被依法纳入的。履约交易主体负有在履约期间向碳排放交易主管机关提交与其实际温室气体排放量相当的碳排放配额或符合要求的核证自愿减排量的义务。履约主体既可能是碳排放配额或核证自愿减排量的需求方，也可能是碳排放配额或核证自愿减排量的供给方。②自愿主体是自愿且主动加入碳排放交易二级市场进行碳排放配额或核证自愿减排量买卖的非履约交易主体。二者最大的区别在于自愿交易主体在履约期间没有向碳排放交易主管机构提交与其温室气体排放量相等的碳排放配额或核证自愿减排量的义务，即没有强制性温室气体减排义务。自愿主体主要包括温室气体自愿减排项目的实施方以及自愿在交易平台注册并买卖碳排放配额或核证自愿减排量的企业、社会组织和个人等主体。各试点地区碳市场主体如表 5-3 所示。

表 5-3 试点地区碳市场主体

试点地区	交易主体
北京市	履约企业、机构投资者
广东省	履约企业、机构投资者
湖北省	履约企业、机构投资者、个人投资者
上海市	履约企业、机构投资者
深圳市	履约企业、机构投资者、个人投资者
天津市	履约企业、机构投资者、个人投资者
重庆市	履约企业
福建省	履约企业、机构投资者、个人投资者

5.2.4 碳排放权交易试点履约情况与成效

5.2.4.1 碳排放权交易试点履约情况

1. 成交量和成交额情况

（1）2014 年交易情况。从各试点启动交易开始，截至 2014 年底，7 个试点成交量达到 3293 万 t，成交额约 14 亿元，其中广东碳市场成交量和成交额分别达到 1521 万 t 和 8.14 亿元，为各试点最高，在 7 个试点中的占比分别为 46%和 58%，通过拍卖达成的成交量和成交额分别为 1382 万 t 和 7.4 亿元。二级市场表现最突出的是湖北碳市场，自 2014 年 4 月 2 日开始交易以来，截至 2014 年底，通过公开市场共成交 703 万 t，成交额达到 1.67 亿元，通过公开交易、协议转让和拍卖共成交 1023 万 t，成交金额为 2.44 亿元，占比分别为 31%和 17%。广东和湖北碳市场的成交量和成交额合计占比为 77%和 75%，主要原因是这两个试点碳配额总量为各试点最多。重庆碳市场的成交量和成交额都是最小的（15 万 t 和 446 万元）。北京、上海、深圳成交量均是 200 万 t 或 200 万 t 有余，天津为 107 万 t。

（2）2015 年交易情况。2015 年年度成交量达 3498 万 t，成交额达 8.71 亿元，其中公开交易成交量 2344 万 t，成交额 6.29 亿元，协议转让成交量 1021 万 t，成交额 2.05 亿元，但是由于广东拍卖市场成交量大幅缩小，其他碳市场的拍卖市场并无成交，所以拍卖成交量下降到 133 万吨，同时由于拍卖价格的下降，成交额下降到 3671 万元。在 2015 年的碳市场中，湖北省的表现仍比较突出，共成交 1420 万 t，成交额达到 3.47 亿元，占比分别为 41%和 40%。广东省公开交易和协议转让的成交量均大幅增长，另外深圳、北京、上海碳市场的成交量也均有不同幅度的增长，但是由于碳价的下降，除湖北省外，其他试点的成交额增幅均要显著低于成交量增幅。天津成交量较低，重庆表现依然低迷。

（3）2016 年交易情况。2016 年 12 月 22 日，福建碳市场正式启动，成为全国第 8 个碳交易试点，首月成交 62.24 万 t，成交额为 2168 万元。

2016 年成交量达 6998 万 t，成交额达 11.96 亿元，同比分别增长 100%和 37%。其中公开交易成交量 2837 万 t，成交额 5.31 亿元，协议转让成交量 4061 万 t，成交额 6.54

亿元，拍卖市场仅广东省成交量 100 万 t，成交额 1129 万元。在不包含拍卖的 2016 年的碳市场中，广东省成交量 2239 万 t，成交金额 2.78 亿元，在七个试点中表现突出，占比分别为 32%和 23%。2016 年湖北省、深圳市、上海市的成交量都在 1200 万 t 以上，其中湖北省为 1385 万 t，成交额达到 2.75 亿元，接近广东，占比分别为 20%和 23%。深圳 2016 年成交量大幅增长，达到 1259 万 t，成交额达到 3.25 亿元，是 7 个市场中最高的。天津和重庆市场依然表现低迷。

从 2013～2016 年的时间发展来看，如果不包括竞价市场，深圳、北京、上海的成交量持续上升，相比于 2015 年，湖北省 2016 年的成交量稍微下降。不包括竞价市场，深圳、北京成交额同样持续上升，但是上海在 3 个时间区间的成交额基本是持平的，成交均价是随年度下降的。从碳市场成立以来直到 2016 年底，广东省累计成交量为 4689 万 t，成交额为 12.54 亿元，占比分别为 34%和 36%；湖北省累计成交量为 3828 万 t，成交额为 8.66 亿元，占比分别为 28%和 25%，这两个市场的成交量和成交额占全国碳市场现货交易的一半以上。如果不包括竞价市场，湖北省碳配额的交易量为 3628 万 t，成交额为 8.27 亿元，远超其他市场。

（4）2021 年交易情况。截至 2021 年 12 月 31 日，试点碳市场共计纳入排放企业和单位约 3200 家，累计分配的碳排放配额约 100 亿 t。成交量方面，试点碳市场累计成交约 7.9 亿 t，分交易类型看，线上累计成交 2.2 亿 t，线下累计成交 2.6 亿 t，累计拍卖 0.4 亿 t，远期累计成交 2.7 亿 t；分地区看，广东累计成交 1.99 亿 t，湖北累计成交 3.63 亿 t，深圳累计成交 0.65 亿 t，上海累计成交 0.48 亿 t，北京累计成交 0.47 亿 t，天津累计成交 0.27 亿 t，重庆累计成交 0.22 亿 t，福建累计成交 0.13 亿 t。

成交额方面，试点碳市场累计成交约 193 亿元；分交易类型看，线上累计成交约 59 亿元，线下累计成交约 55 亿元，累计拍卖约 14 亿元，远期累计成交约 65 亿元；分地区看，广东累计成交约 46 亿元，湖北累计成交约 86 亿元，深圳累计成交约 15 亿元，上海累计成交约 13 亿元，北京累计成交约 21 亿元，天津累计成交约 6 亿元，重庆累计成交约 4 亿元，福建累计成交约 3 亿元。

湖北成交量占比约 46%，成交额占比约 44%，成交均价约 23.64 元/t；广东成交量占比约 25%，成交额占比约 24%，成交均价约 23.80 元/t；深圳成交量占比约 8%，成交额占比约 8%，成交均价约 22.38 元/t；北京成交量占比约 6%，成交额占比约 11%，成交均价约 44.54 元/t；上海成交量占比约 7%，成交额占比约 7%，成交均价约 25.13 元/t；天津成交量占比约 3%，成交额占比约 3%，成交均价约 22.61 元/t；福建成交量占比约 2%，成交额占比约 1%，成交均价约 19.94 元/t；重庆成交量占比约 3%，成交额占比约 2%，成交均价约 15.99 元/t。综上可以看到，湖北交易量、交易额占比最高，福建交易量、交易额占比最低；北京交易均价最高，重庆交易均价最低。

从活跃度方面来看，各试点碳市场 2013～2020 年度的活跃度分别在 0.21%～48.21%，分布范围相对较宽，表明各试点市场分化问题较为突出。分地区来看，深圳活跃度分布在4.77%～48.21%，平均活跃度为26.36%，市场整体活跃度最高；北京活跃度分布在3.42%～19.44%，平均活跃度为12.48%，市场整体活跃度仅次于深圳；福建活跃度分布在0.69%～1.56%，平均活跃度为1.13%，市场整体活跃度最低。分时间来看，各试点市场整体活跃度随着市场交易制度的不断完善逐渐提高，到2018年度平均活跃度达到12.1%，但随后受新冠疫情、全国碳市场启动等因素影响，2019、2020年度分别回落至10.2%和6.6%。其中，2018年度各试点市场活跃度分布在1.3%～38.86%，市场整体活跃度最高；2017年度各试点市场活跃度分布在0.21%～48.21%，平均活跃度为11.73%，市场整体活跃度仅次于2018年度。

2. 履约情况

(1) 2014年履约情况。作为国内碳市场的先行者，5个试点履约表现优秀，且履约率极高。其中2014年6月30日，上海市191家试点企业全部在法定时限内完成2013年度碳排放权配额清缴工作，履约率达到100%。深圳市635家控排企业中631家企业在规定时间内完成2013年度履约工作，4家未能履约，履约率达到99.4%。广东碳市场连续两次推迟履约期，由此前的6月20日延迟至7月15日，截至7月15日，广东省需履约的184家控排企业中，有182家控排企业完成履约义务，2家控排企业未完成履约，履约率为98.9%。天津7月25日完成2013年碳排放权配额履约，114家企业中有4家未完成履约，履约率为96.5%。北京纳入2013年度重点排放单位的415家企业（单位）中的绝大多数按规定要求履行强制减排责任，未按规定履约12家单位，履约率达到97.1%。综合我国碳市场第一次履约的情况来看，五个试点的履约结果均较为理想：上海是唯一一个准时完成所有履约的试点；深圳、广东和天津仅有个别企业未完成；北京市发改委开展了碳交易执法，按照市场均价3～5倍进行罚款，所以虽然北京履约工作完成得较晚，但是作为对未履约单位约束、惩罚力度最强的试点，在碳交易执法方面表现最为突出。

(2) 2015年履约情况。2015年6月底7月初，广东、北京、上海、深圳、天津步入第2个年度的履约期，湖北和重庆的控排企业第一次履约。北京、上海、深圳、广东4个碳试点率先完成履约。截至6月30日，北京碳市场543家碳排放企业全部按期履约，未出现一家单位受罚；同日，上海190家试点企业全部按照经审定的碳排放量完成2014年度配额清缴，成为国内唯一一个连续两年圆满完成履约的试点地区，本次履约，上海CCER用量约50万t，占上海CCER交易总量的21%。7月1日，深圳市636家管控单位中的634家按时足额提交了碳排放权配额，顺利完成了2014年度碳排放履约义务，两家企业未能按时履约，履约率约99.69%。截至7月8日，广东184家控排企业全部完成2014年度的履约工作，实现所有控排企业100%履约。天津市于7月10日结束2014年度碳排放履约工作，112家纳入企业中，履约企业111家，未履约企业1家，履约率为99.1%。截至7月10日，湖北碳市场138家控排企业履约率为81.2%，7月24日公布第一个履约期全部完成履约。重庆碳市场履约期推迟1个月，推至2015年7月23日，2015年是重庆碳市场首个履约年，且实行2013～2014年度合并履约。

2015年是建设全国统一碳市场最重要的一年，国家层面继续加大力度推进全国体系覆盖范围，配额分配，碳排放数据监测、报告与核查等关键政策的制定工作以及相关管理体系建设，地方层面则做好与国家的对接，开展相应基础设施建设、重点企业碳排放历史数据盘查以及相关能力建设工作，企业对碳履约更加重视，碳资产意识逐步提升，企业的履约情况更优于第一年。

(3) 2016年履约情况。2016年6月底7月初，北京市、上海市、天津市和广东省4个碳试点率先完成履约。虽然截至6月15日，北京仍有85家企业没有完成履约，但是6月30日，北京碳市场543家碳排放企业全部按期履约，未出现一家单位受罚；天津109家企业全部完成履约；同日，上海191家试点企业全部按照经审定的碳排放量完成2015年度配额清缴，上海是连续三年圆满完成履约的试点地区。7月1日，深圳市635家管控单位按时足额提交了碳排放权配额，顺利完成了2015年度碳排放履约义务，仅有1家企业未按时履约，履约率约99.8%。7月25日，湖北碳市场168家控排企业100%完成履约。除重庆外，全国6个试点碳市场，1833家控排企业，仅有1家未完成履约。

(4) 2017年履约情况。2017年6月底7月初，由于福建省碳排放权交易市场的加入，全国8个碳交易试点陆续步入年度履约期。天津109家企业、广东244家企业按期全部完成履约；截至6月15日，北京仍有22家企业没有完成履约，但是7月5日，945家碳排放企业全部按期履约。截至6月30日，上海有1家企业未按期履约，但是7月11日，310家试点企业全部完成2016年度的履约工作，上海成为连续四年圆满完成履约的试点地区。7月4日，深圳市811家管控单位中仍有8家企业没有按时履约，履约率约99%。2016年12月22日，福建碳排放权交易正式启动，2017年6月30日是福建省首个履约截止日，9个行业277家控排企业中，有2家企业延期完成履约，4家企业未按规定完成履约，履约率为98.6%，福建省的首份履约成绩单比较亮眼。

(5) 履约情况综述。除暂未公布年度履约情况的试点外，各试点履约完成情况总体较好。其中，上海履约完成率连续八年达到100%，天津履约完成率连续六年达到100%，广东共计五个年度的履约完成率达到100%。重庆截至目前除仅公布两个年度的履约完成率外，年均履约完成率仅70%，履约完成情况相对较差。总体来看，经过八年多的试点运行，各试点市场经过不断总结、积累经验和教训，通过逐步完善市场制度设计，加强前期培训和履约管理等，试点地区企业不仅更加熟悉碳市场的履约机制、市场行情、系统操作等，主动履约意识也显著增强，试点碳市场开始逐步走向成熟。

2013～2020年度试点碳市场的履约情况如表5-4所示。

5.2.4.2 碳排放权交易试点成效

(一) 碳排放权交易发展环境与发展趋势

根据《BP世界能源展望（2019版）》分地区分能源一次性能源消费的对比，中国的能源结构继续演变，在《BP世界能源展望》中的时间跨度内，前期煤炭仍占比较高，在2013年煤炭需求达到了顶峰，到2040年中国煤炭需求将占全球总量的39%，中国仍将

表 5-4 2013～2020 年度试点碳市场的履约情况

地区	2013 年度	2014 年度	2015 年度	2016 年度	2017 年度	2018 年度	2019 年度	2020 年度
深圳	99.4% (631/635)	99.7% (634/636)	99.8% (635/636)	99.0% (803/811)	97.4% (787/808)	99.0% (786/794)	99.6% (704/707)	99.6% (687/690)
上海	100% (191/191)	100% (190/190)	100% (191/191)	100% (368/368)	100% (381/381)	100% (381/381)	100% (313/313)	100% (323/323)
北京	97.1% (403/415)	100% (543/543)	99.0% (945/954)	100% (947/947)	100% (943/943)	未公布	未公布	未公布
广东	98.9% (200/202)	100% (184/184)	100% (184/184)	100% (244/244)	100% (246/246)	99.2% (247/249)	100% (242/242)	100% (245/245)
天津	95.6% (110/114)	99.1% (111/112)	100% (109/109)	100% (109/109)	100% (109/109)	100% (107/107)	100% (113/113)	100% (104/104)
湖北		100% (138/138)	100% (1671167)	100% (236/236)	100% (344/344)	未公布 未公布	未公布	未公布
重庆		约 70%	约 70%	未公布	未公布	未公布	未公布	未公布
福建				98.6% (273/277)	100% (255/255)	100% (255/255)	100% (269/269)	100% (284/284)

是全球最大煤炭消费国。面对目前及未来一段时间内继续存续的以煤炭为主的能源消费结构，传统能源消费的情形下虽然经济结构与能源结构正在转型，中国的碳排放整体仍呈现上升趋势。《BP 世界能源展望》预测中国的碳排放则将在 2022 年达到顶峰。面对尚未实现由煤炭石油传统能源消费向清洁能源消费完全转型的能源结构及仍然增长的碳排放量，清洁能源的更大范围的适用与政策手段调控碳排放量都显得尤为重要，碳排放权交易是有效的手段：①将碳排放权置于市场中，通过产权交易合理解决其固有的负外部性，合理承接碳排放行为的经济成本与社会成本，从而达到减少碳排放量的效果，最终承担起《京都议定书》中节能减排保护大气环境的国际责任；②在维持原有经济效益的前提下，要实现碳排放量的降低必然要求能源消费转型或能源技术革新，甚至是二者的结合，通过能源与技术的升级不断提高生产效率。因此必须要将碳排放成本加入企业的生产成本中，才能真正实现加快企业技术升级、优化企业能源结构、提高企业生产效率的目标。由此，可以说碳排放权交易也在一定程度上促进了中国能源技术革命与能源消费革命。从中国能源发展现状及需求的层面讲，碳排放权交易有其运行的必然性和广阔的发展空间。从国际环境来看，目前全球温室气体排放增长速度放缓，可以说为中国建设一个可行的碳市场提供了一些空间和机会。

从 2019 年的整体发展来看中国碳排放权交易制度展现出良好的发展态势。立法上，国家发展改革委员会起草了一项新的法律——《中国应对气候变化法》，正在向政府机构和相关行业征求意见。同时，国务院正在制定碳排放权交易条例，设计目的和目标、适用范围、气候变化的定义、应对气候变化的法律原则等，应对气候变化的监督机构、应对气候变化的计划、信息披露、缓解和适应措施、国际合作以及碳排放交易机制等激励措施为内容的国家碳排放权交易方案。

在碳市场建设上，部分区域市场成效显著，广东碳市场配额累计成交量于 2019 年 3 月，突破亿吨大关，成为国内首个成交量突破亿吨的试点碳市场。2019 年成交额约为 8.47 亿元，占总交易额的 54%。全省电力、水泥、钢铁、石化、造纸、民航 6 个行业近 250 家大型企业被纳入监管体系，配额分配总量超 4 亿 t。至此，广东省区域性碳市场总体规模排名位居全国第一，紧随欧盟和韩国之后成为全球排名第三的区域性碳市场。

在行业推行方面，2019 年 6 月 19 日，在江西南昌举办了中国第七届全国低碳日会议，会上“电力行业低碳发展研究中心”正式揭牌。该中心将开展一系列政策、技术、规范等研究工作，为电力行业碳交易工作提供技术支持，为政府部门、行业和企业参与全国碳交易体系提供服务。中心的正式挂牌成立意味着电力行业碳交易市场建设工作进入了实操阶段。

在与国际碳排放权交易衔接上，2019 年 8 月 6 日，海南省金融监督管理局召开在海南省设立国际碳排放交易场所的设立方案论证会。湖北排放交易所、上海环境能源交易所、英国石油集团等与会各方结合海南自由贸易试验区和中国特色自由贸易港建设任务，对设立方案进行充分探讨交流。会议提出：交易场所建设要着眼于海南自由贸易区（港）政策优势，明确交易场所“国际化”的定位，探索境外投资者引入及国际碳市场互联互通交易；体现海南特色和亮点，对标国际标准，服务于海南省内森林绿碳和海洋蓝碳的开发和交易，为脱贫攻坚战探寻新途径。

（二）各试点成效分析

根据 2015 年 1 月～2020 年 1 月 8 个试点地区的碳价走势、交易量、交易额及各省占比情况，可以看出湖北省、广东省和北京市碳交易成交额位居前三，天津市、重庆市和福建省成交额明显靠后。从五年来的碳价走势来看，北京市碳价一直居高，重庆市和天津市的碳价较低。碳价整体控制在 100 元之内，其中北京市成交价大概在 30～90 元之间，其他试点地区成交价大概在 0～50 元之间。据统计，2013～2019 年各试点碳市场碳排放交易平均价格为 13.23 元/t，其中深圳、湖北、福建碳市场的交易价格高于全国平均价格，其余碳市场的碳排放交易价格低于全国平均价格。因此，不同碳市场的交易价格差异较大，进而也影响了整体碳排放交易量和交易额，使试点碳市场难以稳定。

不同地区碳排放权交易的成交量和成交额与其配套的规则设计息息相关，配额分配模式和方法、碳市场覆盖范围、碳市场交易主体的不同导致碳交易成效有差异。碳交易额靠前的湖北省、广东省和北京市均在碳市场中纳入较多的企业，从根本上有较大的碳排放量基数，且市场机制灵活，因此碳交易成效较好，从而更大的调动地方参与碳市场交易的积极性，形成良性循环。碳交易额较低的地区则显示出了在碳市场覆盖范围、配额分配模式和方法等方面的不适应性。

5.3 碳交易的抵消机制

核证减排量由重点排放单位自行在碳排放权交易中购买用来抵消碳排放量，主管部门对核证减排量的使用规定被称为抵消机制。

可参与碳抵消机制的项目通常分为两种：①采用化石能源替代等方式实现的碳减排，如风电、光伏、垃圾焚烧等可再生能源项目；②通过吸收大气中的二氧化碳达到减排效果，如林业碳汇、碳捕获利用与封存技术（Carbon Capture Utilization and Storage，CCUS）等。

除本地碳排放权配额外，中国各试点碳市场允许以中国核证自愿减排量（Chinese Certified Emission Reduction，CCER）作为抵消交易产品，但均制定了严格的抵消规则，包括对抵消比例上限、项目类型、项目所在区域和产生时间等进行限制。

5.3.1 碳排放权抵消机制概念

1. 定义

碳排放权抵消是指减排主体在使用经审定的碳减排量履行年度碳排放控制责任时，可以使用经过认证的其他减排量来抵消一定比例减排量的行为。CCER 产生的排放量抵消减排任务之后如有剩余，则可用于交易，如不足也可向其他业主购买。目前中国的碳排放抵消机制主要对交易主体、抵消流程、抵消限额等作出了规定，且不同的交易所的规定各不相同。

2. 种类

目前中国可用于抵消碳排放量的项目种类，以自愿减排量（即 CCER）为主，此外还包括节能项目产生的碳减排量以及林业碳汇项目等产生的碳减排量。1t 二氧化碳减排量经核证之后可抵消 1t 二氧化碳排放量。

根据《温室气体自愿减排交易管理暂行办法》的规定，产生 CCER 的自愿减排项目必须符合国家发展和改革委员会规定，同时由国家发展和改革委员会备案签发。

从抵消比例看：试点碳市场设置 CCER 使用比重以年度排放量和年度配额量为参考基数，最高使用比重为 3%～10%，上海允许抵消比重最高为 3%。

从项目时间限制看：除深圳外，其他试点地区都明确了项目减排时间。

从项目类型看：各试点碳市场对 CCER 减排类型都进行了限制，一般优先使用更具社会效益的农村沼气和林业碳汇项目，如湖北碳交易所鼓励优先使用农林类项目进行抵消，限制使用水电项目。

从项目产生地域看：除上海、重庆外，其他试点地区都对 CCER 项目所在地域进行限制，优先使用产生于本地或与本地有合作协议地区的 CCER。试点地区明确纳入企业排放边界范围内的 CCER 不能用于履约。

全国碳市场纳入 CCER，企业可以使用 CCER 抵消碳排放配额的清缴比例不超过其应清缴配额的5%。

5.3.2 碳排放权抵消机制的意义

1. CCER有利于全国统一碳市场的运作

根据《碳排放权交易管理办法（试行）》（生态环境部令第19号）规定，在各试点交易所可以用CCER来抵消碳排放配额，1t CCER等同于1t配额的量。目前各试点碳市场对CCER的抵消均设置了一定的限定条件，对可用于抵消的CCER项目类型、抵消比例等都做出了不尽相同的规定。与此同时，这并不影响CCER流通于各试点交易所，大部分的试点都接受CCER的直接交易。另外，根据价格的趋向性，CCER的流动会使配额交易价格较高的碳市场价格降低；此外，不同试点的配额在进行交易或者置换时也可以将CCER价格作为参照。由此可见，CCER交易不仅可以带动企业自愿减排的积极性，也可以促进中国区域碳市场的互相合作，有利于统一碳市场的运作，最终形成趋于相同的碳价格。

2. CCER交易可以推动全国碳市场配额价格发现机制

目前CCER交易多是协商决定，也有一部分是竞价而成，定价机制还没有完善，价格差别较大，由于可参考因素较少，使得配额交易的价格对CCER交易价有着重要影响。CCER用于抵消碳配额，同时其交易价反过来也会对配额价格产生一定影响，两者之间是互相影响的，这就表明两者的价格和两者的供需都会互相影响。随着交易量的增长，交易必然趋向市场化，这时价格就趋向于反映碳市场中的供求关系，推动碳市场价格发现机制的发展，形成更科学的定价系统。

3. CCER交易可用于调控全国市场

我国建设碳市场的根本任务是降低碳排放量，企业作为最主要的碳减排主体，若减排成本过高，必然不利于减排政策的实施。我国碳市场区域分散情况严重，各交易所规定不同交易特点也不同，由此形成了不同的交易价格。此外，由于市场机制发展并不完善，依靠行政手段调控市场的效果并不理想。为了取得长期有效的调节效果，降低交易价格，最终降低企业的减排成本，有必要将CCER交易引入碳市场的发展中，使其成为调控市场的有力工具。

4. CCER有利于发展碳金融衍生品

CCER虽然是新兴项目，但是具有配额交易无法替代的优点，CCER有国家公信作为保证，项目类型也在不断开发和增加，良好的发展态势也形成了较高的市场收益预期，这些特点使得CCER有潜力被开发成多种金融交易工具，在活跃碳市场的同时繁荣金融市场。

5.3.3 碳排放权抵消机制可能存在的问题

1. CCER与配额同质化

CCER与配额能否同质同价是影响碳市场发展的关键。目前配额交易已经较为成熟，而CCER定价尚不成熟，大部分还是通过协商定价，这使得CCER价格更灵活，而且各交易所的分散和不同规定也使得两种交易方式的价格相差较大，做不到同质同价，不仅不能活跃碳市场，更会给减排目标的实现带来负面影响。

2. CCER过量开发的风险

从中国自愿减排交易信息平台公布的信息可知已有488个项目获得了备案。由于发展时间短，市场机制不完善，市场对CCER项目的真实需求量无法得知，如果CCER项目过量开发，会给碳市场造成巨大的压力，不仅影响价格的平稳性，也可能给碳市场的长期发展带来冲击，因此必须要采取措施调节CCER项目的数量。

5.3.4 各碳市场CCER抵消政策

各碳市场CCER抵消政策如表5-5所示。

表5-5　各碳市场CCER抵消政策

碳市场	使用上限	时间限制	地域限制	类型限制	政策依据
深圳	不超过年度碳排放量的10%	无	指定了风力发电．太阳能发电以及垃圾焚烧发电项目的省份；优先和本市签署碳交易合作协议的省份和地区；农林项目不受地区限制	可再生能源和新能源项目、清洁交通减排、海洋固碳减排、林业碳汇、农业减排项目	深圳市碳排放权交易管理暂行办法、深圳市碳排放权交易市场抵消信用管理规定（暂行）
北京	不超过当年核发配额量的5%	2013年1月1日后	京外CCER不超过企业当年核发配额量的2.5%；优选津、冀等与本市签署应对气候变化、生态建设、大气污染防治等协议地区	非来自氢氟碳化物（HECs）、全氟化碳（PECs）、氧化亚氮（N_2O）、六氟化硫（SF_6）气体及水电项目，非来自本市行政辖区内重点排放单位固定设施项目	北京市碳排放权抵消管理办法（试行）
上海	不超过年度碳排放量的3%	2013年1月1日后	非来自本市试点企业排放边界范围内的CCER	非水电类项目	关于本市碳排放交易试点期间有关抵消机制使用规定的通知、上海市2021年碳排放配额分配方案
天津	不超过当年实际碳排放量的10%	2013年1月1日后	优先使用京津冀地区自愿减排项目产生的减排量	仅限于二氧化碳气体项目，来自非水电项目	天津市发展改革委关于天津市碳排放权交易试点利用抵消机制有关事项的通知

续表

碳市场	使用上限	时间限制	地域限制	类型限制	政策依据
湖北	不超过年度初始配额的10%	已备案减排量100%可用于抵消；未备案减排量按不高于项目有效计入期内减排量60%的比例用于抵消	湖北省内项目；或与湖北省签署了碳市场合作协议的省市项目	非大、中型水电类项目；鼓励优先使用农林类项目	湖北省发展改革委关于2015年湖北省碳排放权抵消机制有关事项的通知
重庆	不超过审定排放量的8%	2010年12月31日后投入运行，碳汇项目不受此限制	暂无	非水电项目	重庆市碳排放配额管理细则（试行）
福建	不得高于其当年经确认的排放量的10%	2005年2月16日之后开工建设	在本省行政区内产生，且非来自重点排放单位的减排量	非水电项目产生的减排量；仅来自CO_2、CH_4气体的项目减排量	福建省碳排放权抵消管理办法（试行）
国家	不超过清缴配额5%	无	无	不得来自纳入全国碳排放权交易市场配额管理的减排项目	碳排放权交易管理办法（试行）

值得注意的是，深圳市司法局在2021年6月发布的《深圳市碳排放权交易管理暂行办法（征求意见稿）》中对抵消机制政策进行了简化，不再对项目类型和项目所在区域进行严格限制，并且引入碳普惠体系，允许碳普惠体系产生的核证减排量作为抵消信用的一种，以支持家庭、个人和小微企业绿色生产生活方式的创建。

天津市生态环境局2021年5月发布的《天津市碳排放权抵消管理办法（第二次征求意见稿）》对自愿减排项目所在地域进一步限制为天津市行政区域范围内，纳入企业可用于抵消的天津林业碳汇项目减排量进行了严格规定。

中国自愿减排项目于2015年1月正式启动交易，国家发展和改革委员会在2017年3月发布公告暂停CCER项目和减排量备案申请。2020年12月，《碳排放权交易管理暂行办法（试行）》提出，重点排放单位每年可以使用国家核证自愿减排量抵消碳排放配额的清缴，抵消比例不得超过应清缴碳排放配额的5%。

2021年3月，生态环境部出台《碳排放权交易管理暂行条例（草案修改稿）》（征求意见稿），指出可再生能源、林业碳汇、甲烷利用等项目的实施单位可以申请国务院生态环境主管部门组织对其项目产生的温室气体削减排放量进行核证。

2022年6月20日全国政协十三届常委会第二十二次会议专题小组讨论中“如何进一步完善我国碳排放权交易市场机制”成为焦点问题，委员们建议尽快出台《碳排放权交易管理暂行条例》。暂行条例重新纳入自愿减排核证机制，温室气体自愿减排交易管理办法有望修订，相关方法、项目等将重新开启申请审核，为后续全国碳交易市场提供有效补充。

除CCER外，部分省市还允许使用其他机制作抵消机制，如福建林业碳汇抵消机制、广东碳普惠抵消信用机制、北京林业碳汇抵消机制。

5.4 全国统一碳市场

全国碳排放权交易市场（简称碳市场）是实现碳达峰与碳中和目标的核心政策工具之一。2011年以来，北京、天津、上海等地开展了碳排放权交易试点工作。2017年底，中国启动碳排放权交易。2021年元旦起，全国碳市场发电行业第一个履约周期正式启动。

5.4.1 全国统一碳市场发展历程

党的十八大以来，习近平总书记多次强调，要坚持人与自然和谐共生，要坚持绿水青山就是金山银山的理念，要将碳达峰、碳中和纳入生态文明建设整体布局。深入贯彻落实习近平生态文明思想，利用市场机制合理有效地配置二氧化碳排放资源，支持中国经济实现中长期低碳转型，这是建立国家碳市场的初心。碳市场的定位是与其他要素市场、商品市场和服务市场密切联系，通过配置排放资源来释放价格信号，进而促进产业结构调整和升级、经济低碳转型，这也是"双轮驱动"工作原则的具体体现。作为一项政策工具，碳市场能够向企业和消费者提供有效的碳减排经济激励，引导投资流向低碳技术的研发与应用，最终在全社会范围内以最小成本实现既定减排目标。

中国参与碳排放交易按时间大体可划分为四个阶段：

（1）启蒙阶段（2005～2012年）：在此期间，联合国清洁发展机制（Clean Development Mechanism，CDM）是中国参与碳排放交易的间接方式。在这一阶段，中国完成了大量CDM项目的注册与实施，这也是中国风电、光伏、小水电等可再生能源项目快速发展的重要推动力之一。2013年后，欧盟碳交易机制（EU-ETS）不再接受来自中国新注册的CDM项目，CDM项目在中国的开发基本结束。中国参与CDM项目的7年间，除了出售项目减排量的收益进而促进国内减排事业的发展以外，另一个很重要的收获就是培育了一批了解国际碳市场基本规则的从业人员。主管部门、企业和各方也因此接受了碳市场相关知识和规则的"启蒙"教育，为后续国内碳交易试点及全国碳市场的建设和运行奠定了宝贵的人才和智力基础。

（2）试点阶段（2013～2016年）：2011年10月29日，国家发展改革委员会下发《关于开展碳排放权交易试点工作的通知》，批准7个省市（北京市、天津市、上海市、重庆市、湖北省、广东省及深圳市）开展碳排放权交易试点工作。在两年的时间里，7个试点加紧筹备工作，陆续完成了市场方案研究、制度和基础设施建设、正式交易启动。2013年和2014年7个区域碳交易试点陆续启动，全国碳市场筹备工作也开始启动。2017年，福建省成为国内第八个开展碳交易体系的试点。

（3）建设阶段（2017～2020年）：2016年1月11日，国家发展改革委员会发布了《关于切实做好全国碳排放权交易市场启动重点工作的通知》（发改办气候〔2016〕57号），明确了全国碳市场第一阶段的八大重点排放行业，包括石化、化工、建材、钢铁、有色、造纸、电力、航空等行业，组织这些行业年综合能耗1万t标准煤以上的企业报告2013～2015年的碳排放历史数据，并进行第三方核查。这些重点企业历史排放数据为全国碳市场的配额分配、制度研究等基础工作提供了第一手的数据支撑。

2017年12月18日，国家发展改革委员会印发《全国碳排放权交易市场建设方案（发电行业）》（简称《实施方案》），明确提出2017～2020年全国碳市场启动工作安排的路线图，即分为基础建设期（一年左右）、模拟运行期（一年左右）、深化完善期三个阶段，逐步完成碳排放注册登记系统、交易系统和结算系统等基础设施以及制度和市场要素建设。但在2017年底至2020年9月前的时间里，除了将重点企业碳排放数据报送、第三方核查等工作常态化外，全国碳市场建设的整体推进未达预期。2018年5月，全国碳市场建设的职能随着部委职能调整，从国家发展改革委员会转至生态环境部。

2020年9～12月，相关配额管理、登记结算、核查指南、《管理办法》等多个文件密集征求意见之后，生态环境部出台了《碳排放权交易管理办法（试行）》，印发了规范性文件《2019～2020年全国碳排放权交易配额总量设定与分配实施方案（发电行业）》，公布了包括2225家发电企业和自备电厂在内的重点排放单位名单。

与此同时，试点先试先行的经验积累，为全国碳市场的建立中的配额分配、交易制度等环节的完善提供了重要支撑，也为促进试点省市控制温室气体排放、探索达峰路径发挥了积极作用。据统计，截至2020年年底，全国8个碳市场试点配额累计成交3.31亿t二氧化碳，累计成交额约73.36亿元。试点地区的碳市场在近十年的探索发展中，积累了大量实践经验，成为中国实现碳减排的重要途径之一。

（4）启动运行阶段（2021年至今）："双碳"目标提出后，全国碳市场建设工作的节奏相比前几年大幅加快。2021年1月5日，生态环境部发布《碳排放权交易管理办法（试行）》。2021年3月30日，生态环境部发布《碳排放权交易管理暂行条例（草案修改稿）》，对配额分配方法、配额收入管理等长期以来备受碳交易市场关注的问题进行了调整，细化了多项监督管理规定。2021年7月16日，全国统一的碳排放权交易市场正式上线启动。

5.4.2 全国统一碳市场的结构与功能

1. 全国碳市场的基本框架与核心要素

全国碳市场基本框架体系包括覆盖范围、总量目标、配额管理、交易管理、监测报告核查认可和履约监管机制。

2. 碳交易市场覆盖范围

覆盖范围包括碳市场中覆盖的温室气体种类和排放类型、国民经济行业类别、排放源边界、责任主体的纳入标准。不同行业和排放源之间的巨大差异对其在纳入碳市场的时机也会产生一定影响，随着企业和主管机构能力的提高，中国碳市场的覆盖范围也将不断扩大或调整。

根据生态环境部发布的《碳排放权交易管理办法（试行）》，本阶段纳入全国性碳排放交易主体的企业须满足以下条件：属于全国碳排放权交易市场覆盖行业的、年度温室气体排放量达到 2.6 万 t 二氧化碳当量的“温室气体重点排放单位”。目前，全国碳市场以发电行业为起点，预计在“十四五”期间或将完成除发电行业外的其他 7 个重点能耗行业（石化、化工、建材、钢铁、有色、造纸、航空）的纳入。届时，市场活跃程度将会有较大的提升，全国碳市场的配额总量有望从目前的 45 亿 t 扩容到 70 亿 t，覆盖全国二氧化碳排放总量的 60%左右。

3. 碳市场的排放总量目标

碳市场的排放总量是指政府在一定时间内发放的配额数量上限，限制了被纳入排放源的排放总量。配额由政府提供，每单位配额允许持有者依照规则在排放总量范围内排放 1t 温室气体。配额总量的多少决定了配额的稀缺性，也直接影响碳市场的配额交易价格。

根据《2019—2020 年全国碳排放权交易配额总量设定与分配实施方案（发电行业）》，配额总量采用“自下而上”加和方式：将核定后的本行政区域内各重点排放单位配额数量进行加总，形成省级行政区域配额总量，再将各省级行政区域配额总量加总，最终确定全国配额总量。2021 年中央经济工作会议提出，要正确认识和把握“双碳”目标，创造条件尽早实现能耗“双控”向碳排放总量和强度“双控”转变，加快形成减污降碳的激励约束机制。总量目标在碳排放控制中具有最基本的锚定作用，是减排政策制定、实施、评估的主要依据。

4. 碳排放配额分配

配额分配方法是引导企业参与碳市场的关键，将影响企业做出经营决策，例如如何确定产量、建立新的投资地点以及如何将排放成本转嫁给下游企业或消费者等。同样也意味着在某些情况下，某些不合理分配方法可能会扭曲碳价信号以及由此带来的减排激励。

配额分配是碳交易制度设计中与企业关系最密切的关键环节之一。根据《2019—2020 年全国碳排放权交易配额总量设定与分配实施方案（发电行业）》，中国碳市场目前采取的配额分配方式是以强度控制为基本思路的行业基准法，实行全部免费分配。这个方法基于实际产出量，对标行业先进碳排放水平，配额免费分配，而且与实际产出量挂钩，既体现了奖励先进、惩戒落后的原则，也兼顾了当前中国将二氧化碳排放强度列为约束性指标的考核制度安排。需要指出的是，基于实际产量的基准法对于控制排放总量的效果有限。《碳排放权交易管理暂行条例（草案修改稿）》：指出初期以免费分配为主，根据国家要求适时引入有偿分配，并逐步扩大有偿分配比例。

5. 碳市场的交易机制

碳市场作为碳定价的机制之一，是以碳排放权为标的资产进行交易的市场。当前全国碳市场建设在总结试点经验的基础上形成了以碳排放配额交易为主导，国家核证自愿减排量交易为辅的双轨交易体系。自 2017 年 CCER 项目备案申请暂停之后，CCER 项目的审批一直处于停滞状态。目前主管部门正在积极筹备重新启动 CCER 项目的备案和减排量的签发程序，据了解 CCER 市场有望于 2022 年重启，但仍然面临较多不确定因素。

根据《碳排放权交易管理办法（试行）》（生态环境部令第 19 号），全国碳排放权交易市场的交易产品为碳排放配额（主管部门可以根据国家有关规定适时增加其他交易产品）。截至 2021 年 12 月 31 日，全国碳市场总共运行 114 个交易日，每个交易日均有成交，碳排放配额总成交量 1.79 亿 t，总成交额 76.61 亿元，成交均价 42.85 元/t。与之相比，欧盟碳市场去年交易量约是 5600 亿欧元，交易量是 100 亿 t，换手率约为 500%，全国碳市场一级市场大约是 45 亿 t，换手率约为 2%，两者因为基础水平、发展阶段、产品结构等方面存在巨大的差异，换手率水平也有较大差异，但 2%的换手率也显著低于 7 个试点省市 5%左右的活跃水平。

根据《关于全国碳排放权交易相关事项的公告》（沪环境交〔2021〕34 号），碳排放权协议转让包括挂牌协议交易和大宗协议交易两种方式。据统计，截至 2021 年 12 月 31 日，全国大宗协议的累计交易量占比远高于挂牌协议，分别占 83%和 17%。总体来看，大宗协议交易为当前全国碳市场的主要交易方式。无论是与国外同类碳市场还是与国内试点碳市场交易体系相比，综合考虑交易量、交易结构等多方面因素，全国碳市场总体上都是一个活跃度较低的市场。

6. 碳排放配额的强制履约

履约是重点排放单位基于第三方核查机构的审核结论，按主管部门要求提交不少于其上年度经确认排放量的排放配额或抵消量。碳市场的履约必须通过严格的市场监督和执法体系进行监管，缺乏强制履约和监管可能会威胁到市场运行的基本功能。强制履约和监管确保了碳市场所覆盖的排放量进行准确的报告。有效的市场监管可以保障碳市场高效运行，加强碳市场参与者之间的信任。

2021 年 10 月生态环境部发布《关于做好全国碳排放权交易市场第一个履约周期碳排放配额清缴工作的通知》（环办气候函〔2021〕492 号），要求各地的生态环境厅（局）督促发电行业重点排放单位尽早完成全国碳市场第一个履约周期配额清缴。截至 2021 年 12 月 31 日，全国碳市场的第一个履约周期的履约完成率为 99.5%（按履约量的统计口径，如果按照履约企业数量统计口径完成率会低一些），履约情况整体较好，但仍有 0.5%核定应履约量未完成履约。

6 国家核证自愿减排项目及开发

为鼓励基于项目的温室气体自愿减排交易，2012年6月13日国家发展和改革委员会发布《温室气体自愿减排交易管理暂行办法》（发改气候〔2012〕1668号）中规定，经备案并在国家注册登记系统中登记的温室气体自愿减排量称为国家核证自愿减排量(China Certified Emission Reduction，CCER)。

在2021年1月5日，生态环境部公布《碳排放权交易管理办法（试行）》（生态环境部令第19号）的第四十二条给出了CCER更加具体、全面的定义。CCER是指对中国境内可再生能源、林业碳汇、甲烷利用等项目的温室气体减排效果进行量化核证，并在国家温室气体自愿减排交易注册登记系统中登记的温室气体减排量。

自愿减排项目是指采用国家发展改革委员会备案认可的减排项目方法学开发，并按照《温室气体自愿减排交易管理暂行办法》的规定在国家发展改革委员会备案登记和产生核证自愿减排量的减排项目，简称CCER项目。

6.1 项 目 简 介

为解决日益严重的气候问题，加强全球各个经济体在减少碳排放问题上相互协调、相互合作，包括一系列框架公约、协议和机构在内的碳减排机制（Carbon Reduction Mechanism，CRM）应运而生。随着两个具有重大意义的国际公约——《联合国气候变化框架公约》和《京都议定书》的相继出台，碳减排机制在全球迅速发展。其中的清洁发展机制（Clean Development Mechanism. CDM）是京都会议通过的三种履约机制之一，即具有强制减排义务的发达国家或其他国内企业以投资方的身份，在没有强制减排义务的发展中国家投资具有减排效应的项目。发达国家拥有该项目产生的温室气体减排量，以抵消其超出《京都议定书》承诺减排部分，该减排量称为经核证的减排（Certified Emission Reduction，CER）。

随着CDM的发展，在京都三体制之外产生了自愿减排机制（Voluntary Emission Reduction，VER），即《京都议定书》非缔约国的发达国家、各政府决策者、私募投资者、著名大公司出于对全球气候变暖和温室气体减排的关注，在没有受到外部压力的情况下，为中和自己生产经营过程中产生的碳排放而主动从自愿减排交易市场购买碳减排指标的行为。CDM项目是CCER项目的前身，中国作为《京都议定书》的缔约国，科学技术部于2004年6月颁布《清洁发展机制项目运行管理暂行办法》（发展改革委令2004

年第 10 号），国家发展和改革委员会于 2011 年发布《清洁发展机制项目运行管理暂行办法》修订版（发展改革委令 2011 年第 11 号），为 CDM 项目在中国的发展提供了政策支持和法律保障。2005 年内蒙古辉腾锡勒风电场项目成为国内首个注册的 CDM 项目，之后中国 CDM 项目进入蓬勃发展时期，中国一度超越印度和巴西成为 CDM 第一大国。2012 年《京都议定书》一期承诺到期，各国迟迟无法达成新的气候协定，CDM 机制逐渐退出中国历史舞台，CCER 机制也应运而生，填补了国内自愿减排量市场的空缺。

中国自愿减排机制是在这一背景下产生的，CCER 即中国的 CER，其框架类似于 CDM，但不具有强制减排的特点，属于 VER 市场在我国的发展，但面向的不是国外而是国内自愿减排的企业或个人。综上所述，碳减排机制、CDM、VER、CCER 等概念的出处、内涵和相互关系如图 6-1 所示。

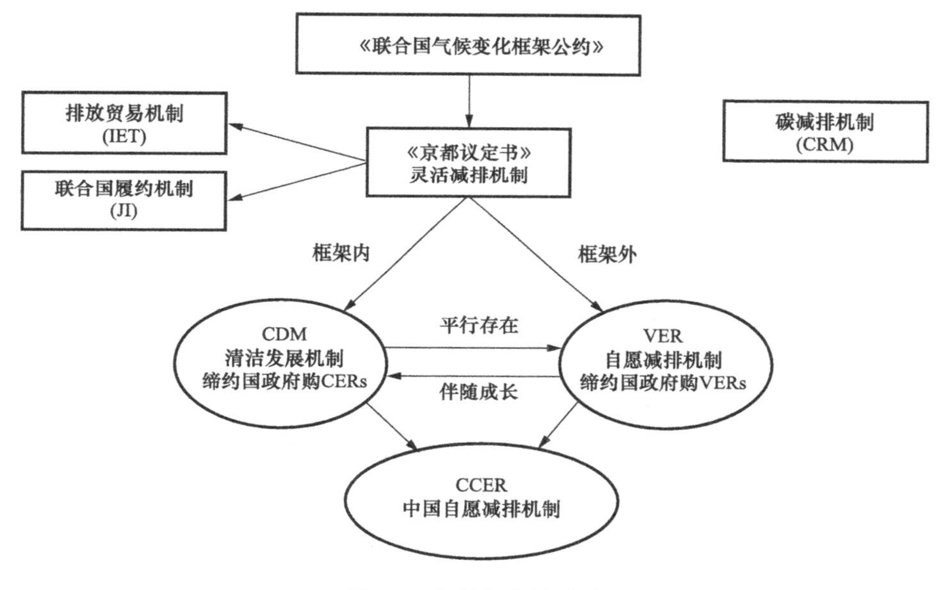

图 6-1　相关概念关系图

2009 年，国家发展改革委员会启动国家自愿碳交易行为规范性文件的研究和起草工作；2012 年 6 月，《温室气体自愿减排交易管理暂行办法》（发改气候〔2012〕1668 号）印发施行，该办法规范了我国温室气体自愿减排交易活动，保证自愿减排市场的公开、公正和透明，可以提高企业参与减缓气候变化行动的积极性；2012 年 10 月印发的《温室气体自愿减排项目审定与核证指南》（发改办气候〔2012〕2862 号）进一步为自愿减排机制的实施和推广提供了系统性的管理规范。

2015 年 10 月，国家发展改革委员会上线自愿减排交易信息平台，在该平台上对自愿减排项目的审定、注册、签发进行公示，签发后的减排量进入备案的自愿减排交易所交易，可以用来抵减企业碳排放。2017 年 3 月，国家发展改革委员会发布公告暂停了温室气体自愿减排项目备案申请的受理，并着手修订《温室气体自愿减排交易管理暂行办法》，主要原因在施行中存在CCER供大于求、交易量小、项目不规范等问题。目前，尚有待生态环境部明确最终的自愿减排交易改革方案，重启CCER项目和减排量审批。

6.2 开发CCER项目的必要性

6.2.1 开发CCER项目的意义

CCER机制作为配额的一种补充机制，可用于配额清缴，抵消企业部分实际排放量，实现履约。用于清缴时，每吨国家核证自愿减排量相当于1t碳排放配额。因而，CCER具有市场交易价值，是一种新型碳资产。抵消机制的运行将极大地鼓励企业开发碳资产。

作为碳资产，CCER具有显著特点和多重属性：

（1）CCER是具有国家公信力的碳资产。CCER是按照国家统一的温室气体自愿减排方法学并经过一系列严格的程序，包括项目开发前期评估、项目备案、项目监测、减排量核查与核证等，将自愿减排项目产生的减排量经国家发改委备案后产生的一种碳资产。

（2）CCER是消除地区和行业差异性的碳资产。虽然自愿减排项目来自大陆30余个省区市，覆盖新能源和可再生能源等多个领域和不同行业；但自愿减排项目产生的减排量备案成为CCER后，很大程度上就不再体现地区差异性和行业差异性，即来自不同自愿减排项目的CCER是同质的、等价的碳资产。

（3）CCER是多元化的碳资产：①CCER来源多元化，产生CCER的自愿减排项目既可以是按照温室气体自愿减排方法学开发的新项目（即第一类CCER项目），也可以源于可转化为自愿减排项目的三类“CDM项目”（即第二类至第四类CCER项目），而且自愿减排项目覆盖领域广、覆盖温室气体种类多；②CCER用途多元化，既可以用作交易，也可以用于实现企业的社会责任、碳中和、市场营销和品牌建设等；③CCER交易方式多元化，CCER交易不依赖法律强制进行，不仅可以场内交易，还可以场外交易，既可以现货交易，也可以发展为期货等碳金融产品交易。

（4）CCER是同时体现减排和节能成效的碳资产。多数自愿减排项目通过减少能源消耗来减少温室气体排放，具有减排和节能的功效。因此，CCER实质上是减排和节能的联合载体，既是碳资产，又蕴含着节能量。

CCER作为碳排放权配额交易的重要补充，其交易有利于形成统一碳市场，将在建设全国碳市场、活跃碳市场、盘活碳资产和完善碳资产管理中起到重要作用：

（1）CCER交易是形成全国统一碳市场的纽带。CCER交易是配额交易的补充机制。另外，CCER具有向配额价格高的碳市场流动的趋势，这将拉高试点碳市场配额的最低价，拉低配额最高价，并且不同试点碳市场配额可以参照CCER交易价格进行置换或交易。

（2）CCER交易是全国碳市场配额价格发现的助推剂。全国碳市场中，CCER交易无论是用于配额抵消还是作为碳金融产品交易，都必然与配额交易连接，CCER价格必然影响到配额价格，进而影响配额供需，使配额价格趋于体现市场供需情况和真实减排成本，促进配额价格的市场发现。

（3）CCER 交易是调控全国碳市场的市场工具。建设全国碳市场的核心目标是采用市场机制实现低成本减排，因此必须调控全国碳市场交易价格，降低企业履约成本。全国碳市场在短期内难免会出现价格波动和反复，用行政手段进行碳市场调控，不仅不可持续，而且易造成市场硬着陆，所以必须使用市场工具来代替行政手段进行市场调控，CCER 交易正是调控全国碳市场的市场工具。

（4）CCER 是发展碳金融衍生品的良好载体。CCER 具有国家公信力强、多元化、开发周期短、计入期相对较长、市场收益预期较高等优点，因此 CCER 具有开发为碳金融衍生品的诸多有利条件。金融机构已经迈出了探索性的一步。

6.2.2　CCER 项目的参与机构及职能

具体的 CCER 项目开发和实施涉及许多国内企业、组织和个人，它们在项目的开发和实施过程中均扮演着不同的角色。CCER 项目的参与机构主要包括项目业主（Project Participant，PP）、国家发展和改革委员会（National Development and Reform Commission，NDRC）、第三方审定和核证机构（Validation&Verification Party）、碳排放权交易所（China Emission Exchange）、咨询机构（Consulting Party）、CCERs 买方等。

1. 项目业主

《温室气体自愿减排交易管理暂行办法》规定：中国境内注册的企业法人均可以申请温室气体自愿减排项目及减排量备案。由此可以看出，企业是中国自主减排项目 CCER 的主要开发和实施机构，其职责主要包括 3 个方面：①根据相应的方法学编制 CCER 项目设计文件（Project Design Document，PDD），并委托第三方审定机构对项目进行审定；②在项目获得 NDRC 批准并备案后，开始实施项目、编写项目实施报告，并委托第三方核证机构对减排量进行核证；③在减排量获得 NDRC 批准并备案后，在国家指定的代理机构开户后，便可将 CCERs 用于企业自身配额抵偿或投放到碳交易市场上获取碳收益。

2. 国家发展和改革委员会

中国 CCER 项目借鉴国际 CDM 项目的模式，由 NDRC 全权负责 CCER 项目管理的国家机构，类似于 CDM 项目的执行理事会（Executive Board，EB）的。NDRC 最重要的职责是注册（Registration）CCER 项目和签发（Issuance）CCERs 减排量，此外还负责向国家最高管理机构报告其活动、认证第三方审定和核查机构（Validation&Verification Party）、发展碳交易平台、审批新的方法学和监测基准线、发展可公开查阅的 CCER 项目活动数据库等。

3. 第三方审定和核证机构

审定和核证机构是独立于项目业主与 NDRC 之外的第三方审核机构，其成立资质和准入门槛由 NDRC 认可，主要负责批准（Validation）项目提案（Project Design Document，PDD）或核证（Verification）项目是否实现了预计的温室气体减排量，并向 NDRC 出具审定和核证报告。根据规定，一个 CCER 项目中的同一个第三方审核机构只能执行验证项目提案或验证项目减排量两项职责中的一个，即企业 CCER 自主减排项目至少需要 2 家不同的审定和核证机构的参与。

目前，NDRC 分 6 批共批准了 12 家 CCER 的审定和核证机构，如表 6-1 所示。各机构审定和核证的专业领域见表 6-2，可供 CCER 项目开发机构、CCER 项目业主等在选择审定与核证机构时参考。

表 6-1　备案的第三方审定和核证机构

备案批次	备案时间	备案的第三方审定/核证机构
第一批	2013 年 6 月	中国质量认证中心（CQC） 广州赛宝认证中心服务有限公司（CEPREI）
第二批	2013 年 9 月	中环联合（北京）认证中心有限公司（CEC） 环境保护部环境保护对外合作中心（MEPFECO）
第三批	2014 年 6 月	中国船级社质量认证公司（CCSC） 北京中创碳投科技有限公司 中国农业科学院（CAAS）
第四批	2014 年 8 月	深圳华测国际认证有限公司（CTI） 中国林业科学研究院林业科技信息研究所
第五批	2016 年 3 月	中国建材检验认证集团股份有限公司（CTC）
第六批	2017 年 3 月	中国铝业郑州有色金属研究院有限公司 江苏省星霖碳业股份有限公司（XLC）

表 6-2　温室气体自愿减排交易审定与核证机构的专业领域

序号	审定与核证机构	审定与核证领域
1	中国质量认证中心（CQC）	1—能源工业（可再生能源/不可再生能源），2—能源分配，3—能源需求，4—制造业，5—化工行业，6—建筑行业，7—交通运输业，8—矿产品，9—金属生产，10—燃料的飞逸性排放（固体燃料，石油和天然气），11—碳卤化合物和六氟化硫的生产和消费产生的飞逸性排放，12—溶剂的使用，13—废物处置，14—造林和再造林，15—农业
2	广州赛宝认证中心服务有限公司（CEPREI）	1—能源工业（可再生能源/不可再生能源），2—能源分配，3—能源需求，4—制造业，5—化工行业，7—交通运输业，8—矿产品，9—金属生产，10—燃料的飞逸性排放（固体燃料，石油和天然气），13—废物处置，14—造林和再造林，15—农业
3	中环联合（北京）认证中心有限公司（CEC）	1—能源工业（可再生能源/不可再生能源），2—能源分配，3—能源需求，4—制造业，5—化工行业，6—建筑行业，7—交通运输业，8—矿产品，9—金属生产，10—燃料的飞逸性排放（固体燃料，石油和天然气），11—碳卤化合物和六氟化硫的生产和消费产生的飞逸性排放，12—溶剂的使用，13—废物处置，14—造林和再造林，15—农业

续表

序号	审定与核证机构	审定与核证领域
4	环境保护部环境保护对外合作中心（MEPFECO）	1—能源工业（可再生能源/不可再生能源），2—能源分配，4—制造业，5—化工行业，11—碳卤化合物和六氟化硫的生产和消费产生的飞逸性排放，13—废物处置
5	中国船级社质量认证公司（CCSC）	1—能源工业（可再生能源/不可再生能源），2—能源分配，3—能源需求，4—制造业，5—化工行业，6—建筑行业，7—交通运输业，8—矿产品，9—金属生产，10—燃料的飞逸性排放（固体燃料，石油和天然气），11—碳卤化合物和六氟化硫的生产和消费产生的飞逸性排放，12—溶剂的使用，13—废物处置
6	北京中创碳投科技有限公司	1—能源工业（可再生能源/不可再生能源），2—能源分配，3—能源需求，4—制造业，5—化工行业，6—建筑行业，7—交通运输业，13—废物处置，14—造林和再造林，15—农业
7	中国农业科学院（CAAS）	1—能源工业（可再生能源/不可再生能源），14—造林和再造林，15—农业
8	深圳华测国际认证有限公司（CTI）	1—能源工业（可再生能源/不可再生能源）；2—能源分配；3—能源需求；4—制造业；5—化工行业；6—建筑行业；7—交通运输业；8—矿产品；9—金属生产；12—溶剂的使用；13—废物处置
9	中国林业科学研究院林业科技信息研究所	14—造林和再造林
10	中国建材检验认证集团股份有限公司（CTC）	1—能源工业（可再生能源/不可再生能源），4—制造业，6—建筑行业
11	中国铝业郑州有色金属研究院有限公司	1—能源工业（可再生能源/不可再生能源），2—能源分配，3—能源需求，4—制造业
12	江苏省星霖碳业股份有限公司（XLC）	1—能源工业（可再生能源/不可再生能源），4—制造业，5—化工行业，6—建筑行业，9—金属生产，13—废物处置

4. 碳排放权交易所

企业开发和实施CCER项目最终的目的是用项目产生的CCERs抵偿企业自身的配额或是用来交易获取碳收益，所以碳排放权交易所作为我国CCERs最终的销购平台，是整个CCER项目参与机构中不容忽视的存在。

2011年10月29日，NDRC发布了《关于开展碳排放权交易试点工作的通知》，同意北京市、天津市、上海市、广东省、深圳市、湖北省及重庆市7个省市开展碳排放权交易试点工作，分别设立北京环境交易所、天津排放权交易所、上海能源环境交易所、广州碳排放权交易所、深圳碳排放权交易所、湖北碳排放权交易中心和重庆联合产权交易所。2016年新增了四川省和福建省，分别设立四川联合环境交易所和海峡股权交易中心。

5. 咨询机构

咨询机构存在于中国CCER市场的各个环节，为各参与机构提供一系列的专业指导，其主要责任有：为项目业主提供从“潜在项目识别”、“推荐咨询、审定机构”到“减排量交易”系列配套服务；为主管部门提供系统培训与能力建设服务；与国内外多家咨询机构、审定与核证机构建立战略合作关系。

6. CCERs 买方

《温室气体自愿减排交易管理暂行办法》规定：国内外机构、企业、团体和个人均可以参与温室气体自愿减排量交易。目前中国 CCERs 的买方主要有：①需要通过购买 CCERs 抵偿自身碳配额的企业；②积极参与全国碳交易以获取碳收益的参与者。

6.2.3 CCER 项目的开发现状

截至 2017 年 3 月，累计公示 CCER 审定项目 2852 个，项目备案的网站记录 861 个；减排量备案的网站记录 254 个，实际减排量备案项目为 234 个（有 20 个项目减排量至少备案一次，属于项目记录重复）。图 6-2 为截至 2017 年 3 月的 CCER 审定项目类型及个数。就公示项目类型而言，以可再生能源居多，共计 2032 个，占公示项目总数的 71%，其中风电 947 个、光伏 833 个、水电 134 个、生物质能 112 个、地热 6 个。避免甲烷排放类项目共计 406 个，占公示项目总数的 14%；废物处置类项目共计 180 个，占公示项目总数的 6%。

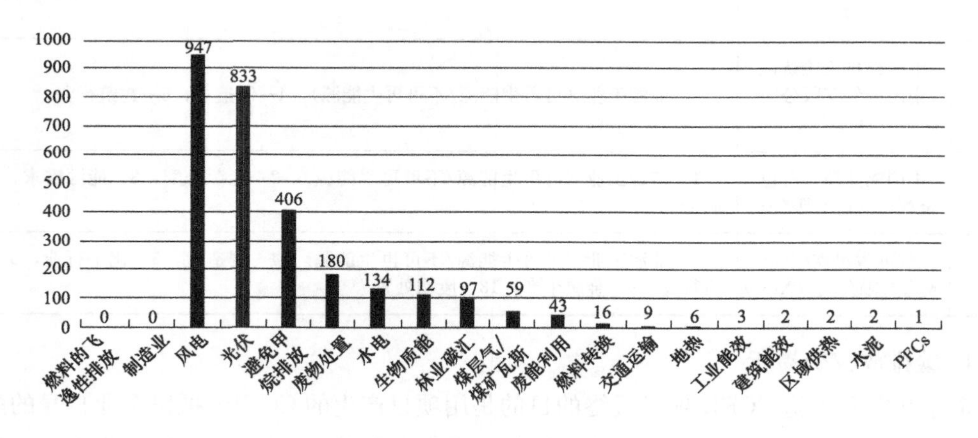

图 6-2 公示项目类型

NDRC 自 2017 年 3 月 14 日宣布暂缓受理温室气体自愿减排交易方法学、项目、减排量、审定与核证机构、交易机构备案申请，待《温室气体自愿减排交易管理暂行办法》修订完成并发布后，再依据新办法受理相关申请。截至 2022 年 5 月 6 日，CCER 几乎无新增审定项目、项目备案和减排量备案。累计公示 CCER 审定项目 2871 个，已获批备案项目总数达到 1104 个，已签发项目总数为 358 个，签发 CCER 量达 7300 多万 t。从项目类型看，风电、光伏、农村户用沼气、水电等项目较多。目前《温室气体自愿减排交易管理暂行办法》仍在组织修订中，关于 CCER 何时重启的讨论从未间断。

交易方面，在全国碳市场启动之前 8 个地方试点碳市场和四川联合环境交易所都可以进行 CCER 交易。图 6-3 为截至 2021 年 9 月，8 个省的 CCER 成交量。全国 CCER 累计成交超 3.2 亿 t，累计成交额超过 35 亿元。其中上海 CCER 累计成交量持续领跑，超 1.3 亿 t，占比 39.3%；广东排名第二，累计成交 6799 万 t，占比 21%；天津 CCER 累计成交 3610 万 t，占比 11.2%，北京、深圳、四川、福建市场的 CCER 累计成交量均在 1000 万～3000 万 t，占比在 4%～9%；湖北市场交易 799 万 t，占比 2.5%；重庆市场累计交易 84 万 t，占比不足 0.3%。

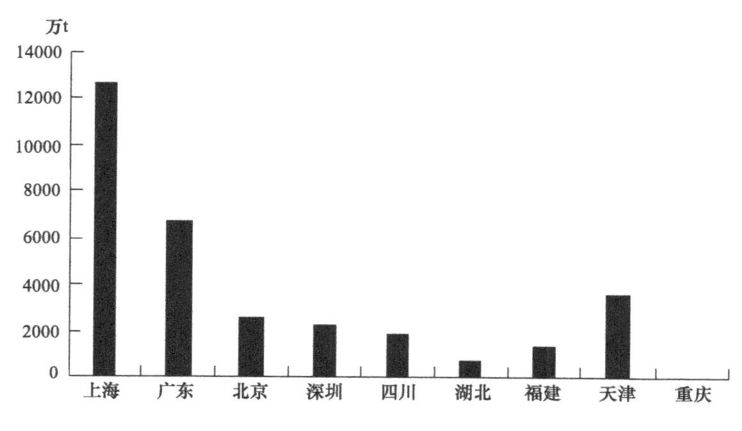

图 6-3 地方市场 CCER 成交量

6.2.4 CCER 项目的重启进度

在未来的全国碳市场上，碳排放配额现货将是主要交易形式，CCER 现货作为补充。CCER 作为全国碳市场的重要补充工具，近年来一系列推进其项目备案和减排量签发重启的政策相继出台，全国 CCER 市场有望重启。表 6-3 为 2021—2022 年与 CCER 重启相关的政策文件。

表 6-3　CCER 重启相关政策文件

时间	文件	内容
2021 年 1 月	《全国碳排放权交易管理办法（试行）》	重点排放单位每年可以使用国家核证自愿减排量抵销碳排放配额的清缴，抵销比例不得超过应清缴碳排放配额的 5%
2021 年 3 月	《碳排放权交易管理暂行条例（草案修改稿）》	可再生能源、林业碳汇、甲烷利用 3 类项目可重启 CCER 核证
2021 年 9 月	《关于深化生态保护补偿制度改革的意见》	健全以国家温室气体自愿减排交易机制为基础的碳排放权抵消机制，将具有生态、社会等多种效益的林业、可再生能源、甲烷利用等领域温室气体自愿减排项目纳入全国碳排放权交易市场
2021 年 10 月	《关于做好全国碳排放权交易市场第一个履约周期碳排放配额清缴工作的通知》	组织有意愿使用 CCER 抵消碳排放配额清缴的重点排放单位抓紧开立国家自愿减排注册登记系统一般持有账户，并在经备案的温室气体自愿减排交易机构开立交易系统账户，尽快完成 CCER 购买并申请 CCER 注销

续表

时间	文件	内容
2021 年 11 月	《北京市“十四五”时期现代服务业发展规划》	将高水平建设北京绿色交易所，承建全国自愿减排交易中心
2021 年 12 月	《关于支持北京城市副中心高质量发展的意见》	推动北京绿色交易所在承担全国自愿减排等碳交易中心功能的基础上，升级为面向全球的国家级绿色交易所
2022 年 1 月	《关于完整准确全面贯彻新发展理念认真做好碳达峰碳中和工作的实施意见》	河北省将积极组建中国雄安绿色交易所，推动北京与雄安联合争取设立国家级 CCER 交易市场
2022 年 4 月	《中华人民共和国金融行业标准—碳金融产品》	碳排放权是分配给重点排放单位的规定时期内的碳排放额度，包括碳排放权配额和国家核证自愿减排量

6.3 CCER 项目开发政策

2012 年 6 月 13 日，国家发展改革委员会颁布《温室气体自愿减排交易管理暂行办法》（发改气候〔2012〕1668 号）奠定了温室气体自愿减排交易体系制度基础，明确了管理范围和主管部门，构建了交易原则等基本规则，制定了自愿减排方法学、项目、减排量、交易机构、审定和核证机构申请备案的要求和程序。

2017 年 3 月 14 日，国家发展改革委员会发布《中华人民共和国国家发展和改革委员会公告》（发改委〔2017〕第 2 号），规定暂缓受理温室气体自愿减排交易方法学、项目、减排量、审定与核证机构、交易机构备案申请，已备案的存量 CCER 仍可参与交易。同时组织修订《温室气体自愿减排交易管理暂行办法》，原因是《温室气体自愿减排交易管理暂行办法》在施行过程中存在 CCER 项目不规范、减排备案远大于抵消速度、交易空转过多等多个问题。目前，国家发展改革委正在修订《温室气体自愿减排交易管理暂行办法》和《温室气体自愿减排项目审定与核证指南》，修订后的管理办法将突出加强对温室气体自愿减排项目和减排量备案事中和事后监管，减少行政审批和行政干预，提高温室气体自愿减排项目和中国核证自愿减排量的效率。表 6-4 为 CCER 成立以来，有关 CCER 申请、备案、审核等相关政策。

表 6-4　　CCER 相关政策

日期	文件	文件内容
2012 年 6 月 13 日	《温室气体自愿减排交易管理暂行办法》（发改气候〔2012〕1668 号）	制定了自愿减排方法学、项目、减排量、交易机构、审定和核证机构申请备案的要求和程序
2012 年 10 月 9 日	《温室气体自愿减排项目审定与核证指南》（发改办气候〔2012〕2862 号）	进一步规范和细化了温室气体自愿减排项目审定与减排量核证的技术要求与程序
2014 年 12 月 10 日	《碳排放权交易管理暂行办法》	出于公益等目的，交易主体可自愿注销其所持有的排放配额和 CCER

续表

日期	文件	文件内容
2015年1月14日	《关于国家自愿减排交易注册登记系统运行和开户相关事项的公告》	明确了CCER的开户流程和相关申请表格
2017年3月14日	《中华人民共和国国家发展和改革委员会公告》(2017年第2号)	暂缓受理温室气体自愿减排交易方法学、项目、减排量、审定与核证机构、交易机构备案申请
2021年1月5日	《碳排放权交易管理办法(试行)》(部令第19号)	重点排放单位每年可以使用CCER抵销碳排放配额的清缴,抵销比例不得超过应清缴碳排放配额的5%。相关规定由生态环境部另行制定。用于抵销的CCER,不得来自纳入全国碳排放权交易市场配额管理的减排项目
2021年3月10日	《北京市关于构建现代环境治理体系的实施方案》	北京将承建全国温室气体自愿减排管理和交易中心,与负责碳配额现货交易的上海联合产权交易所、负责注册登记结算的湖北碳排放权交易中心和正筹备推出碳排放期货品种的广州期货交易所共同建立起全国碳市场的四城模式
2021年3月30日	《碳排放权交易管理暂行条例(草案修改稿)》(环办便函〔2021〕117号)	可再生能源、林业碳汇、甲烷利用3类项目可重启CCER核证
2021年9月	《关于深化生态保护补偿制度改革的意见》	加快建设全国用能权、碳排放权交易市场。健全以国家温室气体自愿减排交易机制为基础的碳排放权抵消机制,将具有生态、社会等多种效益的林业、可再生能源、甲烷利用等领域温室气体自愿减排项目纳入全国碳排放权交易市场
2021年10月26日	《关于做好全国碳排放权交易市场第一个履约周期碳排放配额清缴工作的通知》	全部重点排放单位要在年底前完成履约,并组织有意愿使用CCER清缴的单位,抓紧开立CCER注册登记账户和交易账户,尽快完成CCER购买并申请注销
2021年11月18日	《北京市"十四五"时期现代服务业发展规划》(京发改〔2021〕1606号)	北京市将高水平建设北京绿色交易所,承建全国自愿减排交易中心
2021年11月26日	《国务院关于支持北京城市副中心高质量发展的意见》(国发〔2021〕15号)	推动北京绿色交易所在承担全国自愿减排等碳交易中心功能的基础上,升级为面向全球的国家级绿色交易所
2022年1月5日	《关于完整准确全面贯彻新发展理念认真做好碳达峰碳中和工作的实施意见》	河北省将积极组建中国雄安绿色交易所,推动北京与雄安联合争取设立国家级CCER交易市场

6.4 CCER项目资格条件及类别

2012年,国内已经开展了一些基于项目的自愿减排交易活动,对于培育碳减排市场意识、探索和试验碳排放交易程序和规范具有积极意义。这些活动为保障资源减排交易活动有序开展,逐步建立总量控制下的碳排放权交易市场积累经验。2012年6月13日,国家发展改革委员会发布《温室气体自愿减排交易管理暂行办法》(发改气候〔2012〕

1668号)。第十三条指出，申请备案的自愿减排项目(CCER项目)应于2005年2月16日之后开工建设，且属于以下任一类别：

(1) 采用经国家主管部门备案的方法学开发的自愿减排项目(以下简称“第一类项目”)。

(2) 获得国家发展改革委员会批准为清洁发展机制项目，但未在联合国清洁发展机制执行理事会注册的项目(以下简称“第二类项目”)。

(3) 获得国家发展改革委员会批准作为清洁发展机制项目，且在联合国清洁发展机制执行理事会注册前就已经产生减排量的项目(以下简称“第三类项目”)。

(4) 在联合国清洁发展机制执行理事会注册，但减排量未获得签发的项目(以下简称“第四类项目”)。CCER项目实际上可以分为新开发的CCER项目(第一类项目)和由CDM项目转化而来的CCER项目(第二至第四类项目)，如图6-4所示。

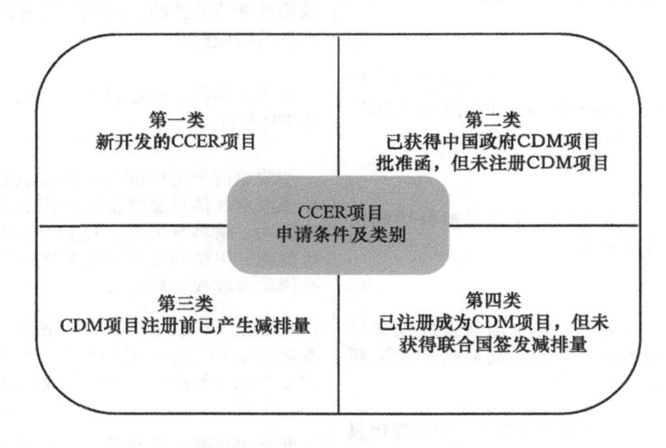

图6-4 CCER项目申请条件及类别

尽管新项目审定核证工作已停滞许久，但存量CCER的交易在此期间却从未停止。根据中华环保联合会消息，在地方试点碳市场开展多年后，市场上的一类项目几乎被消耗殆尽，目前流通较多的是其余三类。但由于二、三、四类项目存在额外性不足等问题，部分地方试点碳市场规定不接受使用这三类项目进行抵消。市场上可用的存量CCER项目已不多，而与之形成鲜明对比的是存在需求量较大、企业购买意愿较强、货源紧俏等CCER供应紧张现象。目前全国碳市场允许后三类CCER项目抵消部分配额的清缴，盘活了一部分休眠的碳资产，而众人翘首以盼的CCER一级项目重启工作正在推进中，若顺利重启或能缓解CCER供应紧张现象、进一步增加全国碳市场的流动性。

6.5 CCER项目开发流程与周期

一个典型的CCER项目从开始准备到实施和受益，需要经历不同的阶段，每个阶段的参与机构各不相同，但CCER项目的开发流程，绝不仅仅是将各参与机构连接起来的过程，更是明确划分各利益相关者之间权利、义务的过程。目前，中国企业 CCER 项目的开发要经历 8 个步骤：项目设计→项目审定→项目备案→项目实施与监测→减排量核证→减排量备案→CCER 开户→CCER 交易，如图 6-5 所示。按照实施流程中不同的侧重点，将 CCER 的运作现状分为：项目备案、减排量备案、减排量交易 3 个阶段。其中项目备案的周期为 5 个月，这是由于不同类型项目的开发难易程度、项目业主与咨询机构以及第三方审定核查机构的沟通过程、审定和核证程序中的澄清不符合要求，以及编写审定、核证报告和内部评审等环节的时间成本等造成的。此外，减排量的签发还需经过国家发展改革委员会的审核批准，参考第三方机构的用时，可以推算出减排量的备案需要 3～6 个月的时间。因此，一个完整的 CCER 项目的开发周期最少要有 8 个月。

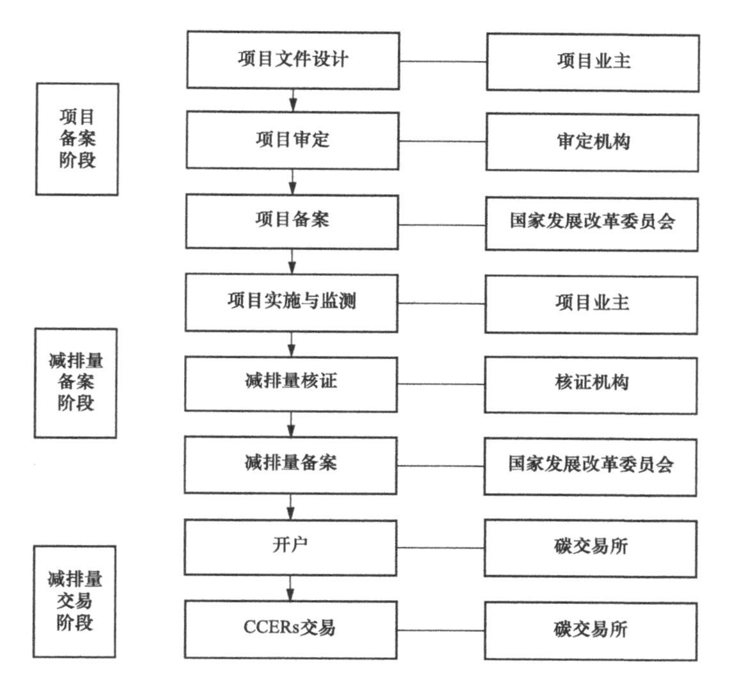

图 6-5　中国企业 CCER 项目开发流程图

1. 项目备案阶段

项目备案阶段的主要参与机构是项目业主、审定机构、国家发展改革委员会。首先，企业通过咨询公司，进行项目可行性分析，并撰写项目设计文件，随后在审定和核证机构中选择一家签订审定合同，详细的审定过程如图 6-6 所示。经审定后的项目才可获得国家发展改革委员会的备案。

《温室气体自愿减排交易管理暂行办法》规定，不同类型的项目业主申请自愿减排项目备案的途径不同：

（1）国资委管理的中央企业中直接涉及温室气体减排的企业（包括其下属企业、控股企业），直接向国家发展改革委员会申请自愿减排项目备案，名单由国家主管部门制

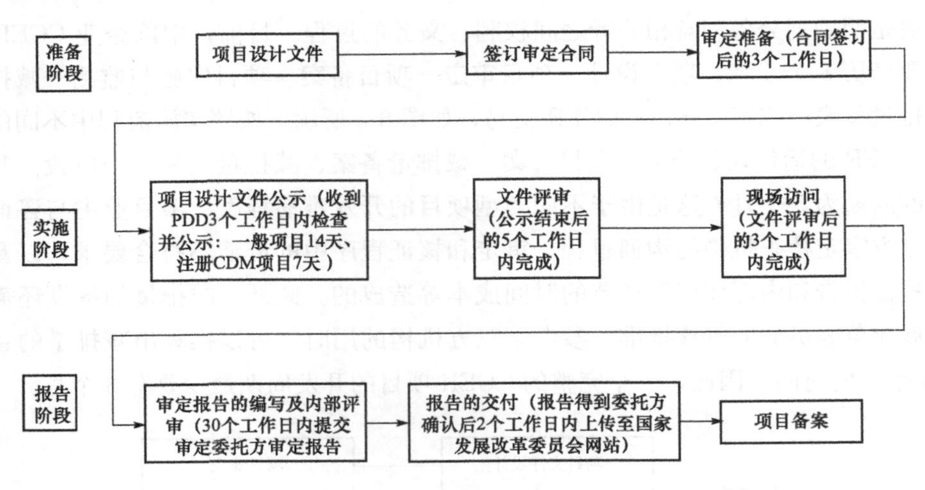

图 6-6　审定程序

定、调整和发布。此名单已在《温室气体自愿减排交易管理暂行办法》中以附件的形式注明。

（2）未列入名单的企业法人，通过项目所在省、自治区、直辖市发改部门提交自愿减排备案申请，省、自治区、直辖市发展改革部门就备案材料完整性和真实性提出意见后转报国家主管部门。

2. 减排量备案阶段

减排量备案阶段的主要参与机构是项目业主、核证机构、国家发展改革委员会。首先，企业在项目获得备案后开始实施与监测项目，并撰写报告，随后在除合作审定机构以外的审核机构中选择一家签订核证合同，详细的核证过程如图 6-7 所示，经核证后的减排量才可获得国家发改委的备案。

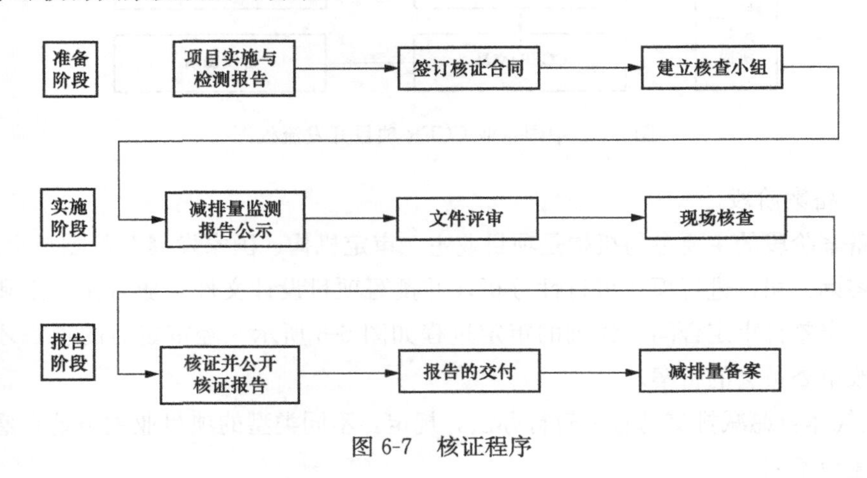

图 6-7　核证程序

3. 减排量交易阶段

减排量交易阶段的主要参与机构是项目业主、碳交易所、国家发展改革委员会。企业在减排量获得备案后开始 CCERs 的抵偿或交易，2015 年 1 月 14 日，国家发展改革委员会发布了《关于国家自愿减排交易注册登记系统运行和开户相关事项的公告》，详细介绍了 CCER 的开户程序，如图 6-8 所示。在交易所开户后的 CCERs 便可在碳市场流通。

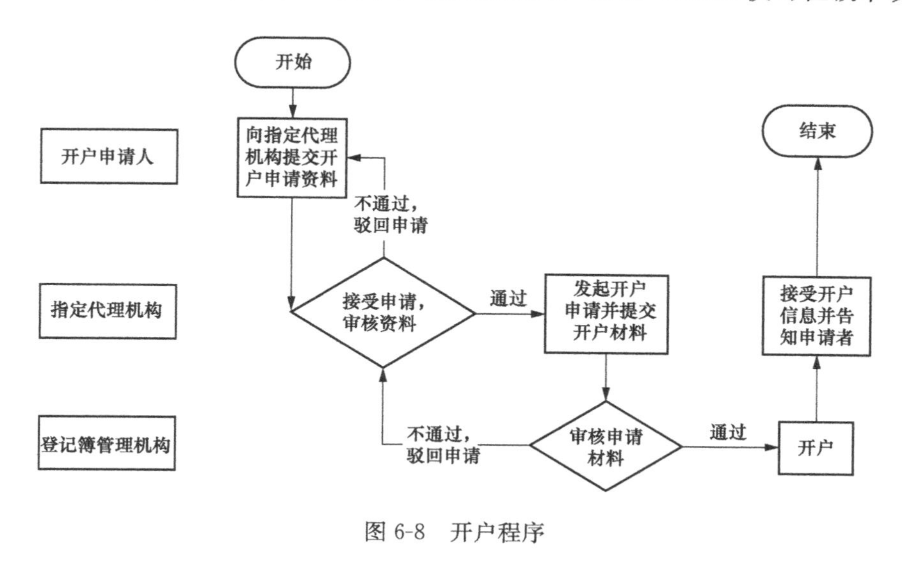

图 6-8　开户程序

6.6　CCER 项目开发成本与合作模式

6.6.1　CCER 项目开发成本

CCER 项目开发过程中，主要有以下费用：

（1）咨询公司技术服务费用主要是指项目设计文件（PDD）编制，协助项目业主完成第三方审定机构对项目的审定，协助项目业主准备项目备案申请文件并完成在国家发展改革委员会的项目备案等产生的费用。如此项工作由项目业主自行完成，则没有相关费用产生。

（2）第三方审定机构的项目审定费用。提交 CCER 项目的备案申请材料前，需经过第三方审定程序，由审定机构出具审定报告后才能够在国家发改委进行备案。

（3）第三方核查机构的减排量核证费用。提交项目的减排量备案申请材料前，需由第三方审定和核证机构出具减排量核证报告后才能够最终完成减排量备案。

（4）项目备案后的咨询公司成功费，主要是指项目业主支付咨询公司为完成减排量交易的相关工作而产生的费用，工作内容包括：①完成监测报告编制工作；②协助项目业主完成第三方核查机构对减排量的定期核查核证工作；③协助项目业主准备减排量备案申请文件；④协助项目业主完成在国家登记簿和意向交易所完成相关开户；⑤协助项目业主寻找买家，完成减排量的交易。

6.6.2 CCER项目合作模式

目前，咨询公司与CCER项目业主在CCER项目开发方面的合作模式主要有纯咨询、收益共享和风险共担三种。

（1）纯咨询模式。咨询公司提供的服务内容和范围包括：

1）项目情况初步评估分析；

2）估算减排量；

3）赴项目所在地进行资料收集；

4）编制项目设计文件和监测报告；

5）协助业主填写项目备案和减排量备案文件和申报；

6）协助联系第三方审定和核证机构；

7）协助项目业主完成在国家登记簿和意向交易所完成相关开户；

8）协助寻找减排量买家，完成减排量的交易。

咨询公司收取的咨询费用与负责完成的咨询服务范围有关，咨询费用随服务范围增加而增加。

第三方审定和核证机构的费用需要业主自行承担。

（2）收益共享模式。咨询公司与业主收益共享，业主不需要支付咨询服务及第三方审定和核查费用，由咨询公司独立承担所有开发成本，免费为业主提供项目咨询服务，服务范围和内容与纯咨询模式相同。

咨询公司在减排量备案后，按约定比例获得对应备案减排量的交易收益。因为业主前期不用承担任何风险，因此最终支付给咨询公司的约定减排量交易收益就相对较高。

（3）风险共担模式。咨询公司提供与纯咨询模式下的相同范围的服务内容，并按阶段向业主收取咨询服务费；项目业主负责第三方审定和核查费用。

咨询公司在减排量备案后，按约定比例获得对应备案减排量的交易收益。因为项目业主与咨询公司共同承担项目开发的风险，因此，与收益共享模式相比，项目业主最终支付给咨询公司的约定减排量交易收益较低。

6.7 CCER交易平台

碳排放权交易场所初期为各地方试点，后期为全国集中统一交易与各试点地区交易并行。目前，CCER可在8个地方碳市场及四川联合环境交易所交易，全国碳市场目前只能交易碳排放权配额，不能直接交易CCER；但全国碳市场的重点排放单位每年可以使用其持有的CCER抵销碳排放配额的清缴，抵销比例不得超过应清缴碳排放配额的5%（地方碳市场可抵消的碳排放配额比例各有不同，以上海为例，CCER仅能用于清缴不超过3%的上海碳配额）。

6.8 CCER项目开发案例

某风电场项目位于新疆维吾尔自治区，是一个新建的并网风力发电场。此项目于2015年8月24日备案，第一期减排量备案信息如表6-5所示。

表6-5　某风电场项目信息

项目备案信息	
项目类别	第一类项目
项目类型	能源工业（可再生能源/不可再生能源）
方法学	CM-001-V01
预计减排量	91391t二氧化碳当量（年减排量）
计入期	2014年9月14日～2021年9月13日
审定机构	中环联合（北京）认证中心有限公司
备案时间	2015年8月24日
减排量备案信息	
第一次申请备案减排量	78770t二氧化碳当量
产生减排量时间	2014年9月14日～2015年8月27日
核证机构	深圳华测国际认证有限公司

此项目采用33台单机容量为1.5MW的风力发电机组，总装机容量为49.5MW，预计年净上网电量为109957.3MW·h，年运行小时数为2221.36h。首台机组发电时间为2014年9月7日，全部机组并网发电时间为2014年9月13日。此项目产生的电量将输送至西北电网，通过替代由化石能源占主导的西北电网产生的同等电量，实现温室气体的减排。

此项目工艺的主要组成部分是风力发电机组和箱式变压器。发电过程是在有风力的情况下，通过叶片的转动带动发电机发电；风电机组产生的电经过箱式变压器收集后统一送到厂内110kV变压器，升压至220kV后接入新疆电网，最终送至西北电网。

7　温室气体排放量核算方法

温室气体排放核算是指计算重点企（事）业单位在社会和生产活动中各环节直接或间接排放温室气体，其实质是组织编制温室气体排放清单。一般来说，在做温室气体排放报告时需要计算的温室气体主要是《京都协定书》及其《多哈修正案》中要求的7种温室气体：二氧化碳、甲烷、氧化亚氮、氢氟碳化物、全氟化碳、六氟化硫和三氟化氮。由于这7种温室气体产生温室效应的强弱各不相同，习惯上以二氧化碳作为参照气体，把其他气体产生的温室效应折算成同样温室效应的二氧化碳的量，然后进行统计。

7.1　术语和定义

温室气体：大气层中那些吸收和重新放出红外辐射的自然和人为的气态成分。本书的温室气体是指《京都议定书》及其《多哈修正案》所规定的7种温室气体。

报告主体：具有温室气体排放行为并应核算和报告排放量的法人企业或视同法人的独立核算单位。

化石燃料燃烧排放：化石燃料与氧气进行充分燃烧产生的温室气体排放。

工业生产过程排放：原材料在工业生产过程中除化石燃料燃烧之外的由于物理或化学反应、工业生产过程中温室气体的泄漏、废气处理等导致的温室气体排放。

CO_2 和 CH_4 回收利用（清除量）：由报告主体产生的，但又被回收作为生产原料自用或作为产品外供给其他单位从而免于排放到大气中的 CO_2 和 CH_4。

固碳产品隐含的排放（清除量）：固化在产品中的碳所对应的 CO_2 排放。例如钢铁生产企业固化在粗钢、甲醇等外销产品中的碳。

净购入的电力和热力隐含的 CO_2 排放：企业消费的净购入电力和净购入热力（蒸汽热水）所对应的电力或热力生产环节产生的 CO_2 排放。这些排放实际上发生在电力和热力生产企业。

活动水平：量化导致温室气体排放或清除的生产或消费活动的活动量，例如每种化石燃料的消耗量、生产原料的使用量、购入的电量、购入的蒸汽量等。

排放因子：与活动水平数据相对应的系数，用于量化单位活动水平的温室气体排放量。排放因子通常基于抽样测量或统计分析获得，表示在给定操作条件下某一活动水平的代表性排放率。

碳氧化率：燃料中的碳在燃烧过程中被氧化的百分比。

7.2 燃料燃烧 CO_2 排放核算

报告主体的化石燃料燃烧 CO_2 排放量等于其核算边界内各种燃料燃烧的产生的 CO_2 排放量之和。

7.2.1 量化方法

燃料燃烧 CO_2 排放量计算公式如下：

$$E_{燃烧} = \sum_i AD_i \times EF_i \tag{7-1}$$

式中 $E_{燃烧}$——核算和报告年度内化石燃料燃烧产生的 CO_2 排放量，tCO_2；

AD_i——核算和报告年度内第 i 种化石燃料的活动水平，GJ；

EF_i——第 i 种化石燃料的 CO_2 排放因子，tCO_2/GJ；

i——化石燃料类型代号。

根据已公布的 24 个行业的核算指南，计算企业燃料燃烧 CO_2 排放时需分品种分别计算每种化石燃料燃烧的 CO_2 排放量，再逐层累加汇总得到企业的燃料燃烧 CO_2 排放量。化石燃料燃烧排放量的核算和报告以企业法人或视同法人的独立核算单位为边界，将之看作一个整体，无需分设施或分单元进行核算和报告。

7.2.2 活动水平数据获取

7.2.2.1 化石燃料消耗量

化石燃料消耗量应根据重点排放单位能源消耗实际测量值来确定。燃煤消耗量应优先采用每日入炉煤测量数值。不具备入炉煤测量条件的，根据每日或每批次入厂煤存测量数值统计消耗量，并在排放报告中说明未采用入炉煤的原因。已有入炉煤测量的，应改为采用入厂煤测量结果。燃油、燃气消耗量应至少每月进行测量。

化石燃料消耗量应按照以下优先级顺序选取，在之后各个核算年度的获取优先序不应降低：

(1) 生产系统记录的数据；

(2) 购销存台账中的数据；

(3) 供应商提供的结算凭证数据。

测量仪器的标准应该符合 GB 17167 的相关规定。轨道衡、皮带秤、汽车衡等计量器具的准确度等级应当符合 GB/T 21369 的相关规定，并确保在有效的检验周期内。

需要注意的是，固体或液体燃料的燃烧量以 t 为单位，而气体燃料的燃烧量需以气体燃料标准状况下的体积（$10^4 Nm^3$）为单位，非标准状况下的体积需转化成标况下进行计算。

7.2.2.2 化石燃料平均低位发热量

根据核算指南，化石燃料平均低位发热量的取值有两种方法：

1. 自行检测

发电行业和其他行业的实测化石燃料低位热值要求不尽相同。现以发电行业为例，说明其化石燃料活动水平数据的测量标准、频次等要求。

燃煤低位发热值的具体测量方法和实验室及设备仪器标准应遵循 GB/T 213—2008《煤的发热量测量方法》的相关规定，频率为每天至少一次。燃煤年平均低位发热值由日平均低位热值加权平均计算得到，其权重是燃煤日消耗量。

燃油低位发热值的具体测量方法和实验室及设备仪器标准应遵循 DL/T 567.8—95《燃油发热量的测定》的相关规定。燃油的低位发热值按每批次测量或采用与供应商交易结算合同中的年度平均低位发热值。燃油年平均低位发热值由每批次燃油平均低位热值加权平均计算得到，其权重为每批次燃油消耗量。

天然气低位发热值的具体测量方法和实验室及设备仪器标准应遵循 GB/T 11062—1998《天然气发热量、密度、相对密度和沃泊指数的计算方法》的相关规定。天然气的低位发热值企业可以自行测量，也可由燃料供应商提供，每月至少一次。如果企业某月有几个低位发热值数据，取几个低位发热值的加权平均值作为该月的低位发热值。天然气年平均低位发热值由月平均低位热值加权平均计算得到，其权重为天然气月消耗量。

生物质混合燃料发电机组以及垃圾焚烧发电机组中化石燃料的低位发热值应参考上述燃煤、燃油、燃气机组的低位发热值测量和计算方法。

2. 采用化石燃料平均低位发热量缺省值

常用化石燃料相关参数缺省值见表 7-1。

表 7-1　常用化石燃料相关参数缺省值

能源名称	计量单位	低位发热量（GJ/t，GJ/10^4Nm³）	单位热值含碳量（tCO_2/GJ）	碳氧化率（%）
原油	t	41.816[a]	0.02008[b]	
燃料油	t	41.816[a]	0.0211[b]	
汽油	t	43.070[a]	0.0189[b]	
煤油	t	43.070[a]	0.0196[b]	98[b]
柴油	t	42.652[a]	0.0202[b]	
液化石油气	t	50.179[a]	0.0172[c]	
炼厂干气	t	45.998[a]	0.0182[b]	
天然气	10^4Nm³	389.31[a]	0.01532[b]	
焦炉煤气	10^4Nm³	173.54[d]	0.0121[c]	
高炉煤气	10^4Nm³	33.00[d]	0.0708[c]	99[b]
转炉煤气	10^4Nm³	84.00[d]	0.0496[c]	
其他煤气	10^4Nm³	52.27[a]	0.0122[c]	

a：数据取值来源为《中国能源统计年鉴 2019》。
b：数据取值来源为《省级温室气体清单编制指南（试行）》。
c：数据取值来源为《2006 年 IPCC 国家温室气体清单指南》。
d：数据取值来源为《中国温室气体清单研究》。

7.2.3 排放因子数据获取

化石燃料燃烧的 CO_2 排放因子的计算公式如下：

$$EF_i = CC_i \times OF_i \times \frac{44}{12} \tag{7-2}$$

式中 EF_i——第 i 种化石燃料的 CO_2 排放因子，tCO_2/GJ；

CC_i——第 i 种化石燃料的单位热值含碳量，tC/GJ；

OF_i——第 i 种化石燃料的碳氧化率，%。

根据 24 个行业《温室气体排放核算方法与报告指南》，化石燃料的单位热值含碳量和碳氧化率的取值可自行检测或采用缺省值。

7.2.3.1 自行检测

发电行业和其他行业的实测化石燃料低位热值要求不尽相同。现以发电行业为例，说明其化石燃料排放因子数据获取的测量标准、频次等要求。

1. 单位热值含碳量

燃煤元素含碳量应优先采用每日入炉煤检测数值，已委托有资质的机构进行入厂煤品质检测，且元素碳含量检测方法符合要求的，可采用每月合批次入厂煤检测数值加权计算得到当月入厂煤元素含碳量数值。不具备每日入炉煤检测条件和入厂煤品质检测条件的，应每日采集入炉煤缩分样品，每月将获得的日缩分样品混合，用于检测其收到基元素碳含量，每月样品采集之后应于 30 个自然日内完成样品的检测，检测样品的取样要求和相关记录应包括取样依据（方法标准），取样点，取样频次，取样人员和保存情况等。

当某日或某月度燃煤单位热值含碳量无实测时或测定方法均不符合对应要求的检测标准要求时，该日或该月单位热值含碳量应不区分煤种取 0.03356tC/GJ。

2. 碳氧化率

碳氧化率通过飞灰炉渣产量、飞灰炉渣含碳量、入炉煤消耗量、入炉煤低位发热量、入炉煤单位热值含碳量、除尘效率等参数进行计算。其中如果企业没有统计飞灰炉渣产量，则可以根据 DL/T 5142—2012《火力发电厂除灰设计技术规程》中的方法进行估算；飞灰炉渣含碳量检测批次为每月至少一次，除尘效率取缺省值 100%。如果企业飞灰炉渣含碳量检测不满足指南要求或者没有元素碳含量实测，则碳氧化率取高限值 100%。

7.2.3.2 采用单位热值含碳量和碳氧化率缺省值

常用化石燃料的单位热值含碳量和碳氧化率缺省值见表 7-1。

需要注意的是，对于同一企业在选择相关参数的确定方法时，应保持方法的一致性，如果某一参数采用检测值，则该参数一直采用检测值；如果某一参数采用缺省值，则该参数一直采用缺省值。

7.3 生产过程 CO_2 排放核算

不同行业的生产过程不同，现以化工行业生产过程为例，说明生产过程 CO_2 排放核算。

化工行业工业生产过程温室气体排放包括 4 部分：①化石燃料和其他碳氢化合物用作原材料产生的 CO_2 排放；②碳酸盐使用过程中发生分解产生的 CO_2 排放；③硝酸生产过程产生的 N_2O 排放；④己二酸生产过程产生的 N_2O 排放。计算公式如下：

$$E_{GHG\_过程} = E_{CO_2\_过程} + E_{N_2O\_过程} \times GWP_{N_2O} \tag{7-3}$$

$$E_{CO_2\_过程} = E_{CO_2\_原料} + E_{CO_2\_碳酸盐} \tag{7-4}$$

$$E_{N_2O\_过程} = E_{N_2O\_硝酸} + E_{N_2O\_己二酸} \tag{7-5}$$

式中 GWP_{N_2O}——N_2O 相比 CO_2 的全球变暖潜势值。根据 IPCC 第二次评估报告，100 年时间尺度内 $1tN_2O$ 相当于 $310tCO_2$ 的增温能力，因此 GWP_{N_2O} 取值为 310。

7.3.1 化石燃料和其他碳氢化合物用作原材料产生的 CO_2 排放

7.3.1.1 量化方法

根据原料—产品流程作碳质量平衡，损失的碳即排放的碳，计算公式如下：

$$E_{CO_2\_原料} = \left\{\sum_r (AD_r \times CC_r) - \left[\sum_p (AD_p \times CC_p) + \sum_w (AD_w \times CC_w)\right]\right\} \times \frac{44}{12} \tag{7-6}$$

式中 r——进入核算单元作为原料的源流（碳酸盐除外），如具体品种的化石燃料、具体名称的碳氢化合物、碳电极以及 CO_2 原料；

AD_r——原料 r 的投入量，对固体或液体原料以 t 为单位，对气体原料以 10^4Nm^3 为单位；

CC_r——原料 r 的含碳量，对固体或液体原料以 tC/t 原料为单位，对气体原料以 $tC/10^4Nm^3$ 为单位；

p——流出企业边界的含碳产品种类，包括各种具体名称的主产品、联产产品、副产品等；

AD_p——含碳产品 p 的产出量，对固体或液体原料以 t 为单位，对气体原料以 10^4Nm^3 为单位；

CC_p——含碳产品 p 的含碳量，对固体或液体原料以 tC/t 原料为单位，对气体原料以 $tC/10^4Nm^3$ 为单位；

w——流出企业边界且没有计入产品范畴的其他含碳输出物种类，如炉渣、粉尘、污泥等含碳的废物；

AD_w——含碳废物 w 的输出量，如炉渣、粉尘、污泥等流出核算单元且没有计入产品范畴的其他含碳输出物种类；

CC_w——含碳废物 w 的含碳量。

在计算中需注意活动水平与含碳量之间计量单位的一致性。

7.3.1.2 活动水平数据获取

企业应结合碳源流的识别和划分情况，以企业生产原始记录、统计台账或统计报表为据，分别确定原料投入量、含碳产品产量以及其他含碳输出物的活动水平数据。

对于同一个活动水平（实物量），企业可能存在多个数据按选项，关键是整个时间序列上数据源必须一致。

7.3.1.3 排放因子数据获取

（1）用作原材料的化石燃料的含碳量确定方法参照 7.2 中化石燃料含碳量的确定方法。

（2）对其他原材料、含碳产品或含碳输出物的含碳量，有条件的企业可委托有资质的专业机构定期检测各种原材料和含碳产品的含碳量，企业如果有满足资质标准的检测单位也可自行检测。其中对固体或液体，企业可按每天每班取一次样，每月将所有样本混合缩分后进行一次含碳量检测，并以分月的活动水平数据加权平均作为含碳量；对气体可定期测量或记录气体组分，并根据每种气体组分的摩尔浓度及该组分化学分子式中碳原子的数目计算得到。

（3）对没有条件实测含碳量的，可以根据物质成分或纯度以及每种物质的化学分子式和碳原子的数目来计算或采用缺省值。

7.3.2 碳酸盐使用过程中发生分解产生的 CO_2 排放

7.3.2.1 量化方法

碳酸盐使用过程中产生的 CO_2 排放根据每种碳酸盐的使用量及其 CO_2 排放因子计算，计算公式如下：

$$E_{CO_2\_碳酸盐}=\sum_i(AD_i\times EF_i\times PUR_i) \tag{7-7}$$

式中 i——碳酸盐的种类；

AD_i——碳酸盐 i 用于原材料、助溶剂、脱硫机等的总消费量，t；

EF_i——碳酸盐 i 的 CO_2 排放因子，tCO_2/t 碳酸盐；

PUR_i——碳酸盐 i 的纯度，%。

7.3.2.2 活动水平数据获取

每种碳酸盐的总消费量等于用作生产原料、助溶剂、脱硫剂等的消费量之和，应分别根据企业生产原始记录、统计台账或统计报表来确定。对于碳酸盐在使用过程中形成碳酸氢盐或 CO_3^{2-} 离子发生转移而未生产 CO_2 的情形，这部分对应的碳酸盐使用量不计入活动水平。

7.3.2.3 排放因子数据获取

有条件的企业可委托有资质的专业机构定期检测碳酸盐的纯度或化学组分，并根据化学组分、分子式及 CO_3^{2-} 离子的数目计算得到碳酸盐的 CO_2 排放因子。碳酸盐化学组分的检测应遵循《GB/T 3286.1 石灰石、白云石化学分析方法——氧化碳量和氧化镁量的测定》等标准。企业如果有满足资质标准的检测单位也可自行检测。

在没有条件实测时，可采用供应商提供的商品性状数据，一些常见碳酸盐的 CO_2 排放因子可采用缺省值。

7.3.3 硝酸生产过程产生的 N_2O 排放

7.3.3.1 量化方法

硝酸生产过程中氨气高温催化氧化会产生副产品 N_2O，N_2O 的排放量根据硝酸产量、不同生产技术的 N_2O 生成因子、所安装的 NO_X/N_2O 尾气处理设备的 N_2O 去除效率以及尾气处理设备使用率计算，计算公式如下：

$$E_{N_2O\_硝酸} = \sum_{j,k}[AD_j \times EF_j \times (1-\eta_k \times \mu_k) \times 10^{-3}] \tag{7-8}$$

式中 j——硝酸生产技术类型；

k——NO_X/N_2O 尾气处理设备类型；

AD_j——生产技术类型 j 的硝酸产量，t；

EF_j——生产技术类型 j 的 N_2O 生成因子，kgN_2O/t 硝酸；

η_k——尾气处理设备类型的 N_2O 去除效率，取值范围为 0～1，例如 95%的去除效率取值为 0.95；

μ_k——尾气处理设备类型的使用率，等于尾气处理设备运行时间与硝酸生产装置运行时间的比率。

7.3.3.2 活动水平数据获取

每种生产技术类型的硝酸产量应根据企业台账或统计报表来确定。

7.3.3.3 排放因子数据获取

硝酸生产技术类型分类及每种技术类型的 N_2O 生成因子可参考相关指南；NO_X/N_2O 尾气处理设备类型分类及其 N_2O 去除率可参考相关指南。有条件的企业可自行或委托有资质的专业机构定期检测 N_2O 生成因子和 N_2O 去除率。

7.3.4 己二酸生产过程产生的 N_2O 排放

7.3.4.1 量化方法

环己酮/环己醇混合物经硝酸氧化制取己二酸会生成副产品 N_2O，N_2O 排放量可根据己二酸产量、不同生产工艺的 N_2O 生成因子、所安装的 NO_X/N_2O 尾气处理设备的 N_2O 去除效率及尾气处理设备使用率计算，计算公式如下：

$$E_{N_2O\_己二酸} = \sum_{j,k}[AD_j \times EF_j \times (1-\eta_k \times \mu_k) \times 10^{-3}] \tag{7-9}$$

式中 $E_{N_2O\_己二酸}$——己二酸生产过程 N_2O 排放量，tN_2O；

j——己二酸生产工艺，非为硝酸氧化工艺、其他工艺两类；

k——NO_X/N_2O 尾气处理设备类型；

AD_j——生产工艺 j 的 N_2O 生成因子，kgN_2O/t 己二酸；

η_k——尾气处理设备类型 k 的 N_2O 去除效率，%；

μ_k——尾气处理设备类型 k 的使用率，%。

7.3.4.2 活动水平数据获取

每种生产技术类型的己二酸产量应根据企业台账或统计报表来确定。

7.3.4.3 排放因子数据获取

硝酸氧化制取己二酸的 N_2O 排放因子可取默认值 300kgN_2O/吨己二酸，其他生产工艺的 N_2O 排放因子可设为 0；NO_X/N_2O 尾气处理设备类型分类及其 N_2O 去除效率可参考相关指南。有条件的企业可自行或委托有资质的专业机构定期检测 N_2O 生成因子和 N_2O 去除率。

尾气处理设备使用率等于尾气处理设备运行时间与己二酸生产装置运行时间的比率，应根据企业实际生产记录来确定。

7.4 温室气体排放扣除量

温室气体排放扣除量主要包括 CO_2 的回收利用量、固碳产品隐含的 CO_2 量和 CH_4 的回收与销毁量。

7.4.1 CO_2 的回收利用量

7.4.1.1 量化方法

CO_2 回收利用量计算公式如下：

$$R_{CO_2\_回收} = (Q_{外供} \times PUR_{CO_2\_外供} + Q_{自用} \times PUR_{CO_2\_自用}) \times 19.77 \tag{7-10}$$

式中 $R_{CO_2\_回收}$——报告主体的 CO_2 回收利用量，tCO_2；

$Q_{外供}$——报告主体回收且外供给其他单位的 CO_2 气体体积，10^4Nm^3；

$PUR_{CO_2\_外供}$——CO_2 外供气体的纯度（CO_2 体积浓度），取值范围为 0～1；

$Q_{自用}$——报告主体回收且自用作生产原料的 CO_2 气体体积，10^4Nm^3；

$PUR_{CO_2\_自用}$——回收自用作原料的 CO_2 气体纯度（CO_2 体积浓度），取值范围为 0～1。

式中 19.77 为标准状况下 CO_2 气体的密度，$CO_2/10^4Nm^3$。

7.4.1.2 活动水平数据获取

报告主体的 CO_2 回收外供量以及回收自用作生产原料的 CO_2 量应根据企业台账或统

计报表确定。

7.4.1.3 排放因子数据获取

报告主体应按照 GB/T 8984 定期测定回收自用外供的 CO_2 气体的体积浓度以及回收自用作生产原料的 CO_2 气体的体积浓度，至少每周进行一次常规测量，分别作为上一次测量以来的 CO_2 气体平均纯度。

7.4.2 固碳产品隐含的 CO_2 量

7.4.2.1 量化方法

固碳产品隐含的 CO_2 量计算公式如下：

$$R_{固碳} = \sum_{i=1}^{n} AD_{固碳} \times EF_{固碳} \tag{7-11}$$

式中 $R_{固碳}$——固碳产品隐含的 CO_2 排放量，tCO_2；

$AD_{固碳}$——第 i 种固碳产品的产量，t；

$EF_{固碳}$——第 i 种固碳产品的 CO_2 排放因子，tCO_2/t 固碳产品；

i——固碳产品的种类（如粗钢、甲醇等）。

7.4.2.2 活动水平数据获取

根据核算和报告期内用固碳产品外销量、库存变化量来确定各自的产量。外销量采用销售单等结算凭证上的数据，库存变化量采用计量工具读数或其他符合要求的方法来确定，计算方法为：产量=销售量+(期末库存量－期初库存量)

7.4.2.3 排放因子数据获取

采用指南中的缺省值，指南中没有给出的固碳产品的排放因子可以采用理论摩尔质量比计算得出。

7.4.3 CH_4 的回收与销毁量

7.4.3.1 量化方法

CH_4 的回收与销毁量计算公式如下：

$$R_{CH_4\_回收销毁} = R_{CH_4\_自用} + R_{CH_4\_外供} + R_{CH_4\_火炬} \tag{7-12}$$

$$R_{CH_4\_自用} = \eta_{自用} \times Q_{自用} \times PUR_{CH_4} \times 7.17 \tag{7-13}$$

$$R_{CH_4\_外供} = Q_{外供} \times PUR_{CH_4} \times 7.17 \tag{7-14}$$

$$R_{CH_4\_火炬} = \eta \times \sum_{h=1}^{H} \left(\frac{FR_h \times V_h}{22.4} \times 16 \times 10^{-3} \right) \tag{7-15}$$

式中 $R_{CH_4\_自用}$——报告主体回收自用的 CH_4 量，t；

$R_{CH_4\_外供}$——报告主体回收外供给给其他单位的 CH_4 量，t；

$R_{CH_4\_火炬}$——报告主体通过火炬销毁的 CH_4 量，应通过监测进入火炬销毁装置的甲烷气流量、甲烷浓度，并考虑销毁效率计算得到，t；

$\eta_{自用}$——甲烷在现场自用过程中的氧化系数，%；

$Q_{自用}$——报告主体回收自用的 CH_4 气体体积，10^4Nm^3；

PUR_{CH_4}——回收自用的甲烷气体平均 CH_4 体积浓度；

$Q_{外供}$——报告主体外供第三方的 CH_4 气体体积，10^4Nm^3；

PUR_{CH_4}——回收外供的甲烷气体平均 CH_4 体积浓度；

η——CH_4 火炬销毁装置的平均销毁效率，%；

H——火炬销毁装置的运行时间，h；

h——运行时间序号；

FR_h——进入火炬销毁装置的甲烷气流量，m^3/h，非标准状况下的流量需根据温度、压力转化成标准状况（0℃、101.325kPa）下的流量；

V_h——进入火炬销毁装置的甲烷气每小时平均 CH_4 体积浓度，%。

式中 7.17 为 CH_4 气体在标准状况下的密度，$t/10^4Nm^3$。22.1 为标准状况下理想气体摩尔体积，$m^3/kmol$；16 为 CH_4 的分子量。

7.4.3.2 活动水平数据获取

报告主体回收自用或回收外供第三方的甲烷气体积应根据企业台账或统计报表来确定。

报告主体应在火炬销毁装置入口处安装体积流量计，连续地或至少每一小时一次监测进入火炬销毁装置的甲烷气流量，并转化为标准状况下的流量。

7.4.3.3 排放因子数据获取

报告主体应按照 GB/T 8984 定期测定回收自用、外供第三方以及进入火炬销毁装置的甲烷气的 CH_4 体积浓度，至少每周进行一次常规测量，作为上一次测量以来的 CH_4 平均体积浓度。

报告主体应通过质量流量计或其他方式定期测量火炬销毁装置入口气流以及出口气流中的 CH_4 质量变化来估算 CH_4 火炬销毁装置的平均销毁效率。测试频率为至少每月一次，作为上一次测试以来的 CH_4 平均销毁效率；甲烷气在现场自用过程中的氧化系数可采用类似的方法进行测试，如果是用作燃料燃烧，也可直接取缺省值 0.99。

7.5 净购入电力和热力 CO_2 排放核算

7.5.1 量化方法

企业净购入电力消费引起的 CO_2 排放以及净购入热力消费引起的 CO_2 排放计算公式如下：

$$E_{CO_2\_净电} = AD_{电力} \times EF_{电力} \tag{7-16}$$

$$E_{CO_2\_净热} = AD_{热力} \times EF_{热力} \tag{7-17}$$

式中 $E_{CO_2\_净电}$——企业净购入电力消费引起的 CO_2 排放，tCO_2；

$AD_{电力}$——企业净购入的电力消费，MWh；

$EF_{电力}$——电力供应的 CO_2 排放因子，tCO_2/MWh；

$E_{CO_2\_净热}$——企业净购入热力消费引起的 CO_2 排放，tCO_2；

$AD_{热力}$——企业净购入的热力消费，GJ；

$EF_{热力}$——热力供应的 CO_2 排放因子，tCO_2/GJ。

7.5.2 活动水平数据获取

企业净购入的电力消费量，以企业和电网公司结算的电表读数或企业能源消费台账或统计报表为据，等于购入电量与外供电量的净差，若净差为负值，则记为零。

企业净购入的热力消费量，以热力购售结算凭证或企业能源消费台账或统计报表为据，等于购入蒸汽、热水的总热量与外供蒸汽、热水的总热量之差，若为负值，则记为零。

7.5.3 排放因子数据获取

电力供应的 CO_2 排放因子应根据企业生产地址及目前的东北、华北、华东、华中、西北、南方电网划分，采用区域电网平均供电 CO_2 排放因子，并随政府主管部门发布的最新数据进行更新。根据《企业温室气体排放核算方法与报告指南 发电设施（2022年修订版）》，电网排放因子采用 0.5839t CO_2/MWh。

热力供应的 CO_2 排放因子应优先采用供热单位提供的 CO_2 排放因子，不能提供则按照 0.11t CO_2/GJ 计，也可采用政府主管部门发布的官方数据。

8 发电行业温室气体排放

2021年7月16日，中国碳排放权交易市场正式启动，这标志着中国碳达峰、碳中和目标落实进入了一个全新阶段。首批纳入全国碳排放权交易市场的2000多家企业全都是发电企业，因为电力行业是中国最大的碳排放行业，碳排放量占据了全国碳排放总量的40%以上；同时，电力将是未来10年能源增长的主体，而这些新增用电与国计民生直接相关，属于刚性需求，是支撑我国经济转型升级和未来居民生活水平提高的重要保障。

未来电力行业的新增需求压力巨大，电力行业的碳排放峰值和达峰速度将直接决定2030年前中国碳排放达峰目标能否实现，要实现这一目标，提高非化石能源发电量是一个非常重要途径。

工业部门的用电量非常大，是中国最主要的用电部门，其用电量约占全社会用电量的67%左右，其中有色金属冶炼和压延加工业、黑色金属冶炼和压延加工业、化学原料和化学制品制造业、非金属矿物制品业等为代表的高耗能制造业用电占工业用电的42%左右。居民生活是除工业行业外的第二大用电领域，目前，居民生活用电约占全社会总用电量的14%左右。全国居民生活用电量最高的省市分别为福建省、北京市、浙江省、上海市，居民用电量与其经济发展水平密切相关。服务业（第三产业不含交通运输业）是继工业部门、居民生活后的第三大用电领域，用电量约占全社会用电量的14%左右。交通运输领域用电主要包括电气化铁路、电动汽车、水上运输业、航空运输业等。现在政府在大力提倡新能源汽车、纯电动乘用车、铁路电气化。随着电动汽车的不断发展，未来交通领域的用电量将进一步增大。

8.1 发电行业温室气体核算

温室气体核算是指测量工业活动向地球生物圈直接和间接排放二氧化碳及其他气体的措施。控排企业按照监测计划对碳排放相关参数实施数据收集、统计、记录，并将所有排放相关数据进行计算、累加。温室气体核算可以直接量化碳排放的数据，还可以通过数据来分析各个环节碳排放量，观察哪个环节的碳排放量较大，可对该环节进行分析，看看是否有技术可对该环节进行改进，减少温室气体的排放，所以发电行业温室气体核算对碳中和目标的实现、碳交易市场的运行至关重要。正确地核算电力行业的温室气体排放量是电力行业减排的基础，所以本节将从核算边界确定、排放源确定和计算公式三个方面重点介绍发电行业该如何核算温室气体排放量。

8.1.1 核算边界

确定好核算边界是精准计算排放量的基础。电力行业的核算边界为发电设施，主要包括燃烧系统、汽水系统、电气系统、控制系统和脱硫脱硝等装置，但不包括厂区内辅助生产系统以及附属生产系统。

8.1.2 排放源确定

在计算发电行业温室气体排放量前，应先明确哪些排放源应该被纳入温室气体排放量计算，哪些可以忽略不计。根据《发电企业温室气体排放核算指南》可知，发电设施温室气体排放核算和报告范围包括化石燃料燃烧产生的二氧化碳排放、购入使用电力产生的二氧化碳排放。

（1）化石燃料燃烧产生的二氧化碳排放：一般包括发电锅炉（含启动锅炉）、燃气轮机等主要生产系统消耗的化石燃料燃烧产生的二氧化碳排放，不包括应急柴油发电机组、移动源、食堂等其他设施消耗化石燃料产生的排放。对于掺烧化石燃料的生物质发电机组、垃圾焚烧发电机组等产生的二氧化碳排放，可以仅统计燃料中化石燃料的二氧化碳排放。

（2）购入使用电力产生的二氧化碳排放。

8.1.3 核算方法

发电设施的二氧化碳排放量等于统计期当年各月度化石燃料燃烧排放量和购入使用电力产生的排放量之和，采用公式（8-1）计算：

$$E = E_{燃烧} + E_{电} \tag{8-1}$$

式中 E——发电设施二氧化碳排放量，tCO_2；

$E_{燃烧}$——化石燃料燃烧排放量，tCO_2；

$E_{电}$——购入使用电力产生的排放量，tCO_2。

化石燃料燃烧排放量的定义是统计期内发电设施各种化石燃料燃烧产生的二氧化碳排放量的加和，采用公式（8-2）计算：

$$E_{燃烧} = \sum_{i=1}^{n}(AD_i \times EF_i) \tag{8-2}$$

式中 $E_{燃烧}$——化石燃料燃烧的排放量，tCO_2；

AD_i——第 i 种化石燃料的活动数据，GJ；

EF_i——第 i 种化石燃料的二氧化碳排放因子，tCO_2/GJ；

i——化石燃料类型代号。

化石燃料活动数据是统计期内燃料的消耗量与其低位发热量的乘积，采用公式（8-3）计算：

$$AD_i = FC_i \times NCV_i \tag{8-3}$$

式中 AD_i——第 i 种化石燃料的活动数据，GJ；

FC_i——第 i 种化石燃料的消耗量，对固体或液体燃料，t；对气体燃料，$10^4 Nm^3$；

NCV_i——第 i 种化石燃料的低位发热量，对固体或液体燃料，GJ/t；对气体燃料，$GJ/10^4 Nm^3$。

燃煤的年度平均收到基低位发热量由月度平均收到基低位发热量加权平均计算得到，其权重是燃煤月消耗量。其中入炉煤月度平均收到基低位发热量由每日平均收到基低位发热量加权平均计算得到，其权重是每日入炉煤消耗量。入厂煤月度平均收到基低位发热量由每批次平均收到基低位发热量加权平均计算得到，其权重是该月每批次入厂煤量。燃油、燃气的年度平均低位发热量由每月平均低位发热量加权平均计算得到，其权重为每月燃油、燃气消耗量。

化石燃料的二氧化碳排放因子采用公式（8-4）计算：

$$EF_i = CC_i \times OF_i \times \frac{44}{12} \tag{8-4}$$

式中 EF_i——第 i 种化石燃料的二氧化碳排放因子，tCO_2/GJ；

CC_i——第 i 种化石燃料的单位热值含碳量，tC/GJ；

OF_i——第 i 种化石燃料的碳氧化率，%。

式中$\frac{44}{12}$为二氧化碳与碳的相对分子质量之比。

燃煤的单位热值含碳量采用公式（8-5）计算：

$$CC_{煤} = \frac{Car}{NCVar} \tag{8-5}$$

式中 $CC_{煤}$——燃煤的单位热值含碳量，tC/GJ；

$NCVar$——燃煤的收到基低位发热量，GJ/t；

Car——燃煤的收到基元素碳含量，tC/t。

其中，燃煤的收到基元素碳含量可采用公式（8-6）计算：

$$Car = Cad \times \frac{100 - Mar}{100 - Mad} \text{ 或 } Car = Cd \times \frac{100 - Mar}{100} \tag{8-6}$$

式中 Car——收到基元素碳含量，tC/t；

Cad——空干基元素碳含量，tC/t；

Cd——干燥基元素碳含量，tC/t；

Mar——收到基水分，%；全水数据可采用企业每天测量的全水月度加权平均值；

Mad——空干基水分，%。

内水数据可采用缩分样检测数据，如没有则可采用企业每日测量的内水月度加权平均值或采用 0。

燃煤的年度单位热值含碳量通过每月的单位热值含碳量加权平均计算得出，其权重为燃煤月活动数据（热量）。

燃煤的元素碳含量通过每月或每日含碳量加权平均计算得出，其权重为燃煤每月或每日消耗量。

化石燃料消耗量应根据重点排放单位用于生产所消耗的能源实际测量值来确定，并应符合 GB 21258 的有关要求。燃煤消耗量应优先采用每日皮带秤或给煤机的入炉煤测量数值，不具备入炉煤测量条件的，根据每日或每批次入厂煤盘存测量数值统计消耗量，并报告说明未采用入炉煤的原因。已有入炉煤测量的，不应改为采用入厂煤测量结果。燃油、燃气消耗量应至少每月测量。

化石燃料消耗量应按照以下优先级顺序选取，在之后各个核算年度的获取优先序不应降低：①生产系统记录的数据；②购销存台账中的数据；③供应商提供的结算凭证数据。

测量仪器的标准应符合 GB 17167 的相关规定。轨道衡、皮带秤、汽车衡等计量器具的准确度等级应符合 GB/T 21369 的相关规定，并确保在有效的检验周期内。

购入电力排放核算要求：

对于购入使用电力产生的二氧化碳排放，可以使用购入使用电量乘以电网排放因子得出，采用公式（8-7）计算：

$$E_{电} = AD_{电} \times EF_{电} \tag{8-7}$$

式中 $E_{电}$——发电设施二氧化碳排放量，tCO_2；

$AD_{电}$——化石燃料燃烧排放量，MWh；

$EF_{电}$——购入使用电力产生的排放量，tCO_2/MWh。

购入使用电力的活动数据按以下优先序获取：①电表记录的读数；②供应商提供的电费结算凭证上的数据。

电网排放因子采用 0.5839tCO_2/MWh 或生态环境部发布的最新数值。

8.2 发电行业温室气体初始分配方案

为了稳步减少二氧化碳的排放，国家每年会设定一个碳排放总量指标，然后将这个指标有偿或无偿地分配到各个控排企业，控排企业就拥有了相应的碳配额（碳排放权）。控排企业在年度内可以排放与配额等量的二氧化碳，但是如果实际排放的二氧化碳量超过给予的碳配额，那么该控排企业将会受到行政处罚。各个控排企业拥有的年度碳配额和其实际的年度碳排放需量并不是完全匹配的，有的企业的配额比实际需要的少。当企业的碳配额用完后，可以与有多余碳配额的企业进行交易，购买所需量的配额。碳排放权交易就是指企业之间根据需求进行买卖碳配额（碳排放权）的行为。中国碳市场的发展可以划分成地方试点启动、全国统一市场准备及启动、全国统一碳市场发展逐步成熟

3 个阶段。

第一阶段（2011～2013 年）为地方试点启动阶段。2011 年 10 月，国家发展改革委员会正式发布了《关于开展碳排放权交易试点工作的通知》，这标志中国正式开启碳排放权交易试点。2013 年 6 月，深圳成立了中国首个碳排放权试点市场，随后相继在北京、上海、天津、重庆、湖北以及广东共 7 个城市成立了中国第一批碳试点市场，后续在福建成立中国第 8 个碳市场交易试点。目前这些试点区域均能够有序且有效地运行，不断为中国碳市场的技术创新和政策制度的创新起领航作用。

第二阶段（2014～2019 年）为全国统一碳市场准备阶段。2013 年，党的十八届三中全会明确重要任务之一就是建立全国碳市场。2014 年 12 月，发布了《碳排放权交易管理暂行方法》，从制度层面确定了全国碳市场建设的总体框架。2015 年 9 月，首次确认将于 2017 年开启全国统一碳市场交易体系。2017 年 12 月，发布了《全国碳排放权交易市场建设方案（发电行业）》，这标志全国统一碳市场建设拉开了帷幕。2018 年，碳市场建设的具体技术性操作开始成为主要建设任务，例如数据报送、注册登记等系统建设工作加速跟进。2019 年，随着相关基础工作的完成，以发电行业配额交易为主的全国统一碳市场进入重要的模拟、运行阶段。

第三阶段（2020 年以来）为全国统一碳市场发展逐步成熟阶段。2020 年全国碳市场建设进入深化完善阶段。经过近 3 年的准备与模拟运行，以电力行业为对象的全国统一碳市场于 2021 年 7 月正式上线，这对中国“双碳”目标的实现具有重大的现实意义。此外，除发电行业外，后续将逐步扩大行业覆盖范围，如钢铁、石化、化工、航空等重点行业。随着时间的推移，全国碳市场的交易产品和方式将进一步丰富，中国碳市场将成为全球最大的碳市场。

而在国家层面，在 2018 年以前，国家发展改革委员会发布《温室气体自愿减排交易管理暂行办法》《企业温室气体排放核算方法与报告指南（试行）》《碳排放权交易管理暂行办法》（已废止）《关于切实做好全国碳排放权交易市场启动重点工作的通知》《全国碳排放权交易市场建设方案（发电行业）》等一系列配套文件。2018 年以后，生态环境部开始进入碳排放权制度的主舞台，发布了《2019—2020 年全国碳排放权交易配额总量设定与分配实施方案（发电行业）》《纳入 2019—2020 年全国碳排放权交易配额管理的重点排放单位名单》《碳排放权交易管理办法（试行）》《企业温室气体排放报告核查指南（试行）》《碳排放权登记管理规则（试行）》《碳排放权交易管理规则（试行）》和《碳排放权结算管理规则（试行）》等一系列配套文件，为碳排放权制度的建设提供更多依据。

碳排放权相关制度包括碳排放配额分配、碳排放权登记、碳排放权交易、碳排放权结算、碳排放权核算、碳排放权清缴等制度。其中碳排放配额分配是最关键的一种制度，因为它是碳排放权登记、交易、结算、核算、清缴的基础，如果没有梳理清楚配额是如何分配的，后续的步骤也就无法继续。并且《碳排放权交易管理办法（试行）》明确规定，“重点排放单位应当在生态环境部规定的时限内，向分配配额的省级生态环境主管部门清缴上年度的碳排放配额。清缴量应当大于等于省级生态环境主管部门核查结果确认的该单位上年度温室气体实际排放量”。而企业的实际排放量与它的产能有密切的关系，相应的碳排放配额与企业的产能也密切相关。产能往往是企业赖以生存发展的关键，企业分配得到的碳排放配额越多，它的实际排放量可以越大；当配额不够的时候，企业只能去交易市场购买碳排放配额来扩大产能。所以，本节将重点讨论发电行业如何分配碳配额。

2020 年 12 月 29 日，生态环境部印发《2019—2020 年全国碳排放权交易配额总量设定与分配实施方案（发电行业）》（简称《2019—2020 年配额分配方案（发电行业）》），提出要做好发电行业配额分配工作。电力行业的碳排放配额的定义是重点排放单位拥有的发电机组产生的二氧化碳排放限额，包括化石燃料消费产生的直接二氧化碳排放和净购入电力所产生的间接二氧化碳排放。要计算电力行业的碳排放配额必须要搞明白两点：①电力行业的碳排放配额分配的主体包括哪些机组；②电力行业的碳排放配额分配的计算公式。

8.2.1 初始分配的主体

根据发电行业（含其他行业自备电厂）2013～2019 年任一年排放达到 2.6 万 t 二氧化碳当量（综合能源消费量约 1 万 t 标准煤）及以上的企业或者其他经济组织的碳排放核查结果，筛选确定纳入 2019～2020 年全国碳市场配额管理的重点排放单位名单，并实行名录管理。

纳入 2019～2020 年配额管理的发电机组包括纯凝发电机组和热电联产机组，自备电厂参照执行，不具备发电能力的纯供热设施不在考虑范围之内。纳入 2019～2020 年配额管理的发电机组包括 300MW 等级以上常规燃煤机组，300MW 等级及以下常规燃煤机组，燃煤矸石、煤泥、水煤浆等非常规燃煤机组（含燃煤循环流化床机组）和燃气机组 4 类。对于使用非自产可燃性气体等燃料（包括完整履约年度内混烧自产二次能源热量占比不超过 10%的情况）生产电力（包括热电联产）的机组、完整履约年度内掺烧生物质（含垃圾、污泥等）热量年均占比不超过 10%的生产电力（包括热电联产）机组，其机组类别按照主要燃料确定。对于纯生物质发电机组、特殊燃料发电机组、仅使用自产资源发电机组、满足规定要求的掺烧发电机组以及其他特殊发电机组暂不纳入 2019～2020 年配额管理。各类机组的判定标准详见表 8-1，暂不纳入配额管理的机组判定标准见表 8-2。该方案对不同类别的机组设定相应碳排放基准值，按机组类别进行配额分配，其中对不同类别机组所规定的单位供电（热）量的碳排放限值，简称为碳排放基准值。

表 8-1 纳入配额管理的机组判定

机组分类	判定标准
300MW 等级以上常规燃煤机组	以烟煤、褐煤、无烟煤等常规电煤为主体燃料且额定功率不低于 400MW 的发电机组

续表

机组分类	判定标准
300MW 等级及以下常规燃煤机组	以烟煤、褐煤、无烟煤等常规电煤为主体燃料且额定功率低于 400MW 的发电机组
燃煤矸石、煤泥、水煤浆等非常规燃煤机组（含燃煤循环流化床机组）	以煤矸石、煤泥、水煤浆等非常规电煤为主体燃料（完整履约年度内，非常规燃料热量年均占比应超过 50%）的发电机组（含燃煤循环流化床机组）
燃气机组	以天然气为主体燃料（完整履约年度内，其他掺烧燃料热量年均占比不超过 10%）的发电机组

注 1. 合并填报机组按照最不利原则判定机组类别。
2. 完整履约年度内，掺烧生物质（含垃圾、污泥等）热量年均占比不超过 10%的化石燃料机组，按照主体燃料判定机组类别。
3. 完整履约年度内，混烧化石燃料（包括混烧自产二次能源热量年均占比不超过 10%）的发电机组，按照主体燃料判定机组类别。

表 8-2　暂不纳入配额管理的机组判定标准

机组类型	判定标准
生物质发电机组	纯生物质发电机组（含垃圾、污泥焚烧发电机组）
掺烧发电机组	① 生物质掺烧化石燃料机组：完整履约年度内，掺烧化石燃料且生物质（含垃圾、污泥）燃料热量年均占比高于 50%的发电机组（含垃圾、污泥焚烧发电机组）。 ② 化石燃料掺烧生物质（含垃圾、污泥）机组：完整履约年度内，掺烧生物质（含垃圾、污泥等）热量年均占比超过 10%且不高于 50%的化石燃料机组。 ③ 化石燃料掺烧自产二次能源机组：完整履约年度内，混烧自产二次能源热量年均占比超过 10%的化石燃料燃烧发电机组
特殊燃料发电机组	仅使用煤层气（煤矿瓦斯）、兰炭尾气、炭黑尾气、焦炉煤气（荒煤气）、高炉煤气、转炉煤气、石油伴生气、油页岩、油砂、可燃冰等特殊化石燃料的发电机组
使用自产资源发电机组	仅使用自产废气、尾气、煤气的发电机组
其他特殊发电机组	① 燃煤锅炉改造形成的燃气机组（直接改为燃气轮机的情形除外）。 ② 燃油机组、整体煤气化联合循环发电（IGCC）机组、内燃机组

8.2.2 初始分配计算公式

省级生态环境主管部门根据本行政区域内重点排放单位 2019～2020 年的实际产出量以及生态环境部确定的配额分配方法及碳排放基准值，核定各重点排放单位的配额数量；将核定后的本行政区域内各重点排放单位配额数量进行加总，形成省级行政区域配额总量。将各省级行政区域配额总量加总，最终确定全国配额总量。

对 2019～2020 年配额实行全部免费分配，并采用基准法核算重点排放单位所拥有机组的配额量。重点排放单位的配额量为其所拥有各类机组配额量的总和。

1. 配额核算公式

采用基准法核算机组配额总量的公式为：机组配额总量＝供电基准值×实际供电量×修正系数＋供热基准值×实际供热量。

（1）燃煤机组配额分配。燃煤机组的排放配额计算公式如下：

$$A = A_e + A_h \tag{8-8}$$

式中 A——机组 CO_2 配额总量，tCO_2；

A_e——机组供电 CO_2 配额量，tCO_2；

A_h——机组供热 CO_2 配额量，tCO_2。

其中，机组供电 CO_2 配额计算方法为：

$$A_e = Q_e B_e F_l F_r F_f \tag{8-9}$$

式中 Q_e——机组供电量，MWh；

B_e——机组所属类别的供电基准值，tCO_2/MWh；

F_l——机组冷却方式修正系数，如果凝汽器的冷却方式是水冷，则机组冷却方式修正系数为 1；如果凝汽器的冷却方式是空冷，则机组冷却方式修正系数为 1.05；

F_r——机组供热量修正系数，燃煤机组供热量修正系数为 1－0.22×供热比；

F_f——机组负荷（出力）系数修正系数。

参考 GB 21258—2017《常规燃煤发电机组单位产品能源消耗限额》做法，常规燃煤纯凝发电机组负荷（出力）系数修正系数按照表 8-3 选取，其他类别机组负荷（出力）系数修正系数为 1。

表 8-3 常规燃煤纯凝发电机组负荷（出力）系数修正系数

统计期机组负荷（出力）系数	修正系数
$F \geqslant 85\%$	1.0
$80\% \leqslant F < 85\%$	1＋0.0014×（85－100F）
$75\% \leqslant F < 80\%$	1.007＋0.0016×（80－100F）
$F < 75\%$	$1.015^{(16-20F)}$

注 F 为机组负荷（出力）系数，单位为％。

机组供热 CO_2 配额计算方法为：

$$A_h = Q_h \times B_h \tag{8-10}$$

式中 Q_h——机组供热量，CJ；

B_h——机组供热量，CJ。

（2）燃气机组配额分配。燃气机组的 CO_2 排放配额计算公式如下：

$$A = A_e + A_h \tag{8-11}$$

式中 A——机组 CO_2 配额总量，tCO_2；

A_e——机组 CO_2 配额总量，tCO_2；

A_h——机组供热 CO_2 配额量，tCO_2。

机组供电 CO_2 配额计算方法为：

$$A_e = Q_e \times B_e \times F_r \tag{8-12}$$

式中 Q_e——机组供电量，MWh；

B_e——机组所属类别的供电基准值，tCO_2/MWh；

F_r——机组供热量修正系数，燃气机组供热量修正系数为 1－0.6×供热比。

机组供热 CO_2 配额计算方法为：

$$A_h = Q_h \times B_h \tag{8-13}$$

式中 Q_h——机组供热量，CJ；

B_h——机组所属类别的供热基准值，CJ。

2. 配额预分配与核定

(1) 燃煤机组配额预分配。

1) 对于纯凝发电机组：

第一步：核实 2018 年机组凝汽器的冷却方式（空冷还是水冷）、负荷系数和 2018 年供电量数据。

第二步：按机组 2018 年供电量的 70%，乘以机组所属类别的电基准值、冷却方式修正系数、供热量修正系数（实际取值为 1）和负荷系数修正系数，计算得到机组供电预分配的配额量。

2) 对于热电联产机组：

第一步：核实 2018 年机组凝汽器的冷却方式（空冷还是水冷）和 2018 年的供热比、供电量、供热量数据。

第二步：按机组 2018 年度供电量的 70%，乘以机组所属类别的供电基准值、冷却方式修正系数、供热量修正系数和负荷系数修正系数（实际取值为 1），计算得到机组供电预分配的配额量。

第三步：按机组 2018 年度供热量的 70%，乘以机组所属类别供热基准值，计算得到机组供热预分配的配额量。

第四步：将第二步和第三步的计算结果加总，得到机组预分配的配额量。

(2) 燃煤机组配额核定。

1) 对于纯凝发电机组：

第一步：核实 2019～2020 年机组凝汽器的冷却方式（空冷还是水冷）、负荷系数和 2019～2020 年实际供电量数据。

第二步：按机组 2019～2020 年的实际供电量，乘以机组所属类别的供电基准值、冷却方式修正系数、供热量修正系数（实际取值为 1）和负荷系数修正系数，核定机组配额量。

第三步：最终核定的配额量与预分配的配额量不一致的，以最终核定的配额量为准，多退少补。

2）对于热电联产机组：

第一步：核实机组 2019～2020 年凝汽器的冷却方式（空冷还是水冷）和 2019～2020 年实际的供热比、供电量、供热量数据。

第二步：按机组 2019～2020 年的实际供电量，乘以机组所属类别的供电基准值、冷却方式修正系数和供热量修正系数，核定机组供电配额量。

第三步：按机组 2019～2020 年的实际供热量，乘以机组所属类别的供热基准值，核定机组供热配额量。

第四步：将第二步和第三步的核定结果加总，得到核定的机组配额量。

第五步：核定的最终配额量与预分配的配额量不一致的，以最终核定的配额量为准，多退少补。

（3）燃气机组配额预分配。

1）对于纯凝发电机组：

第一步：核实机组 2018 年度的供电量数据。

第二步：按机组 2018 年度供电量的 70%，乘以燃气机组供电基准值、供热量修正系数（实际取值为 1），计算得到机组预分配的配额量。

2）对于热电联产机组：

第一步：核实机组 2018 年度的供热比、供电量、供热量数据。

第二步：按机组 2018 年度供电量的 70%，乘以机组供电基准值、供热量修正系数，计算得到机组供电预分配的配额量。

第三步：按机组 2018 年度供热量的 70%，乘以燃气机组供热基准值，计算得到机组供热预分配的配额量。

第四步：将第二步和第三步的计算结果加总，得到机组的预分配的配额量。

（4）燃气机组配额核定。

1）对于纯凝发电机组：

第一步：核实机组 2019～2020 年实际的供电量数据。

第二步：按机组实际供电量，乘以燃气机组供电基准值、供热量修正系数（实际取值为 1），核定机组配额量。

第三步：核定的最终配额量与预分配的配额量不一致的，以最终核定的配额量为准，多退少补。

2）对于热电联产机组：

第一步：核实机组 2019～2020 年的供热比、供电量、供热量数据。

第二步：按机组 2019～2020 年实际的供电量，乘以燃气机组供电基准值、供热量修正系数，核定机组供电配额量。

第三步：按机组 2019～2020 年的实际供热量，乘以燃气机组供热基准值，核定机组供热配额量。

第四步：将第二步和第三步的计算结果加总，得到机组最终配额量。

第五步：核定的最终配额量与预分配的配额量不一致的，以最终核定的配额量为准，多退少补。

碳排放基准值及确定原则考虑到经济增长预期、实现控制温室气体排放行动目标、疫情对经济社会发展的影响等因素，2019～2020 年各类别机组的碳排放基准值如表 8-4 所示。

表 8-4　　2019～2020 年各类别机组的碳排放基准值

机组类别	机组类别范围	供电基准值（tCO_2/MWh）	供热基准值（tCO_2/GJ）
Ⅰ	300MW 等级以上常规燃煤机组	0.877	0.126
Ⅱ	300MW 等级及以下常规燃煤机组	0.979	0.126
Ⅲ	燃煤矸石、水煤浆等非常规燃煤机组（含燃煤循环流化床机组）	1.146	0.126
Ⅳ	燃气机组	0.392	0.059

9 电网企业温室气体排放

9.1 电网企业温室气体排放核算

电网企业的温室气体排放主要来源是电网传输损耗和六氟化硫的泄漏。

(1) 电网传输损耗。发电机生产的电能经过输、变、配电设备输送到最终用户。由于这些设备存在电阻，电能通过时就会产生损耗，以热能的形式散失在周围的介质中；此外还有客观存在的管理损耗，这两部分电能损耗构成了电网的所有损耗电量。

(2) 六氟化硫的泄漏。随着电力工业不断发展，SF_6 绝缘电气设备在电力系统中的应用越来越广泛。由于 SF_6 气体在水分或电弧、电火花的作用下会产生一些强腐蚀性物质，会腐蚀设备内部金属元件，使得设备绝缘性能下降，给电气设备正常运行带来严重隐患，因此需要进行定期的维护。在处理发生故障的电气设备以及报废淘汰、更换电气设备情况下必须对电气设备内的 SF_6 气体及分解物进行回收或中和处理，包括检修运行中的电气设备。SF_6 气体是电网企业的重要温室气体之一，其对温室效应的影响是等量二氧化碳的 23900 倍。

为了遏制 SF_6 的直接排放，促进电气设备的安全运行，开展 SF_6 气体回收及净化处理再利用工作，使废旧的 SF_6 气体转化为符合电力生产标准的合格气体，是一项具有良好的经济效益和社会效益的措施。国家电网有限公司在 2007 年初发布的“2006 年社会责任报告”中，明确提出减少污染物和废弃物排放，回收再利用 SF_6 气体的节能和环保要求。开展 SF_6 回收处理再利用工作是电力行业承担社会责任，改善、保护人类生存环境的义务，同时也符合目前倡导的循环经济理念，对推动电网公司的减排工作，建设绿色电网、发展绿色电力具有重要的意义。

9.1.1 核算边界

9.1.1.1 企业边界

电网企业温室气体排放核算边界以直辖市或省电力公司作为独立法人单位进行核算。如果报告主体除电力输配外还存在其他产品生产活动且存在温室气体排放的，则应参照相关行业企业的《温室气体排放核算与报告指南》核算并报告。

我国的电网划分为七大电网，实行统一调度、分级管理，分别由国家电网公司和南方电网公司运营。根据电网公司的组织结构，国家电网可以划分为华北、华中、华东、西北、东北、西南六大区域电网，在六大区域电网下可进一步划分各省市的电网。从电网公司组织结构的角度，除了少数情况外，各级电网公司的经营区域和行政区域有着确定和清晰的对应关系。国家电网公司和南方电网公司的下属区域分支及省级分支机构如表 9-1 所示。

表 9-1　　电网企业各级分支机构

国家级电网企业	区域级电网企业	省级电网企业
国家电网	华北电网有限公司	北京市电力公司
		天津市电力公司
		河北省电力公司
		山西省电力公司
		山东省电力公司
		冀北电力有限公司
	华中电网有限公司	湖北省电力公司
		湖南省电力公司
		江西省电力公司
		河南省电力公司
	华东电网有限公司	上海市电力公司
		江苏省电力公司
		浙江省电力公司
		安徽省电力公司
		福建省电力公司
	西北电网有限公司	陕西省电力公司
		甘肃省电力公司
		宁夏电力公司
		青海电力公司
		新疆电力公司
	东北电网有限公司	辽宁省电力公司
		吉林省电力公司
		黑龙江省电力有限公司
		内蒙古东部电力有限公司
	西南电网有限公司	四川省电力公司
		重庆市电力公司
		西藏电力有限公司
南方电网	南方电网	广东省电力公司
		广西电力公司
		云南省电力公司
		贵州省电力公司
		海南省电力公司

9.1.1.2　排放源和气体种类

电网企业的温室气体核算和报告范围包括：输配电损失所对应的电力生产环节产生的二氧化碳排放和使用六氟化硫设备修理与退役过程产生的六氟化硫排放。

9.1.2 核算方法

电网企业的温室气体排放计算公式见式（9-1）。

$$E = E_{网损} + E_{SF_6} \tag{9-1}$$

式中 E——二氧化碳排放总量，tCO_2；

$E_{网损}$——输配电损失所对应的电力生产环节产生的二氧化碳排放总量，tCO_2；

E_{SF_6}——用六氟化硫设备修理与退役过程产生的六氟化硫排放，tCO_2。

网损为电力网损耗，是指电能从发电厂传输到客户的一系列过程中，在输电、变电、配电和营销等各环节的电能损耗和损失。线损率是综合反映电力网规划设计、生产运行和经营管理水平的主要经济指标。电力网损耗主要包括可变损耗、固定损耗和管理损耗三部分。

可变损耗：消耗在电力线路和电力变压器电阻上的电量，该部分损耗与传输功率（或电流）的平方成正比。

固定损耗：产生在电力线路和变压器的等值并联电导上的损耗，对配电网而言主要包括电力变压器的铁损、电力电缆和电容器的绝缘介质损耗、绝缘子的泄漏损耗等。

管理损耗指线损电量扣除理论线损后的部分，是由于管理工作不善以及其他不明因素在供电过程中造成的各种损失，主要包括：用户窃电及违章用电；计量装置误差、错误接线、故障等；营业和运行工作中的漏抄、漏计、错算及倍率差错等；带电设备绝缘不良引起的漏电电流等；变电站的直流充电、控制及保护、信号、通风冷却等设备消耗的电量及调相机辅机的耗电量；供、售电量抄表时间不一致；统计线损及理论线损计算的统计口径不一致及理论计算的误差等。

六氟化硫设备修理与退役过程产生六氟化硫，需要注意的是六氟化硫的排放量需要乘以相应温室气体潜值（GWP），将其转化为二氧化碳当量。

9.1.2.1 输配电损失引起的二氧化碳排放

电网企业的二氧化碳排放主要来自输配电线路上的电量损耗而产生的温室气体排放，该损耗由供电量和售电量计算得出，单位为 MWh。电量的测量方法和计量设备标准应遵循 DL/T 448—2000《电能计量装置技术规范》、GB 17167—2006《用能单位能源计量器具配备和管理通则》、GB/T 25095—2010《架空输电线路运行状态检测系统》、GB 17215《电能系列标准》和 GB 16934—1997《电能计量柜》的相关规定。

电网企业输配电电量损耗产生的二氧化碳排放量计算公式如式（9-2）。

$$E_{网损} = AD_{网损} \times EF_{电网} \tag{9-2}$$

$$AD_{网损} = EL_{供电} - EL_{售电} \tag{9-3}$$

$$EL_{供电} = EL_{上网} + EL_{输入} - EL_{输出} \tag{9-4}$$

式中 $E_{网损}$——输配电电量损耗产生的二氧化碳排放总量，tCO_2；

$AD_{网损}$——输配电损耗的电量，MWh；

$EF_{电网}$——区域电网年平均供电排放因子，tCO_2/MWh；

$AD_{网损}$——输配电损耗的电量，MWh；

$EL_{供电}$——供电量，MWh；

$EL_{售电}$——售电量，即终端用户用电量，MWh；

$EL_{上网}$——电厂上网电量，MWh；

$EL_{输入}$——自外省输入电量，MWh；

$EL_{输出}$——向外省输出电量，MWh。

$AD_{网损}$由供电量与售电量相减得到，它反映了电力网的规划设计、生产技术和运营管理水平。

$EL_{上网}$是电网公司的电网所覆盖的电厂自身所发电量中送入电网的那一部分电量，电厂自用或者转供的电量不计入其中。

自外省输入电量和向外省输出电量应按省计算。中国电力企业联合会每年发布的电网调度数据是基于区域电网之间的调度，但基于省级行政区域的电网调度数据需要来自于各省级电网公司，电网公司在核算这两个参数时，应与中国电力企业联合会数据进行比对。

区域电网年平均供电排放因子应根据目前的东北、华北、华东、华中、西北、南方电网划分，选用国家主管部门最近年份公布的相应区域电网排放因子进行计算。

9.1.2.2 使用六氟化硫设备修理与退役过程产生的排放

电网企业中使用六氟化硫设备修理与退役过程产生的排放计算公式如式（9-5）。

$$E_{SF_6} = \left[\sum_i (REC_{容量,i} - REC_{回收,i}) + \sum_j (REP_{容量,j} - REP_{回收,j})\right] \times GWP_{SF_6} \times 10^{-3} \tag{9-5}$$

式中 E_{SF_6}——使用六氟化硫设备修理与退役过程产生的排放，tCO_2；

$REC_{容量,i}$——退役设备 i 的六氟化硫容量，以铭牌数据表示，kg；

$REC_{回收,i}$——退役设备 i 的六氟化硫的实际回收量，kg；

$REP_{容量,j}$——修理设备 j 的六氟化硫容量，以铭牌数据表示，kg；

$REP_{回收,j}$——修理设备 j 的六氟化硫的实际回收量，kg；

GWP——六氟化硫的温室气体潜势，取值为 23900。

$REC_{容量,i}$和$REP_{容量,j}$为退役或维修设备的六氟化硫容量。因六氟化硫断路器在国内已有多年的应用，其中退役或维修设备六氟化硫断路器的使用年限较长，部分设备铭牌中仅显示其六氟化硫的填充气体压力，并未显示六氟化硫的质量容量。因此在核算过程中，如果发现退役设备铭牌没有六氟化硫容量，可现场收集当年的设备管理台账、采购单或联系设备供应商获取该数据。若上述数据都无法获得，也可通过采购量、库存量等质量守恒的方法计算其相关数据。

$REC_{回收,i}$和$REC_{容量,i}$为退役或维修设备的六氟化硫回收量。对六氟化硫气体的回收和净化工艺经过若干年的发展已经比较成熟，但在核算过程中应注意的是需要收集和记录净化回收之后的六氟化硫的气体重量，而不是净化回收之前的气体重量，因为在净化回收工艺过程中，部分六氟化硫可能会因泄露而产生排放。

9.2　电网企业温室气体减排分析

9.2.1　减排措施

根据中国碳核算数据库发布的中国二氧化碳排放清单（2016～2018），中国碳排放量最高的行业是发电、发热行业，排放量接近总二氧化碳排放总量的47%，在实现“30·60”目标进程中减排任务巨大。中国尚处于工业化阶段，对电力的需求将持续攀升。全国碳市场的建立将推动火力发电清洁化和高效化，并提高水电、风电等清洁发电装机比例，推动电力行业低碳化发展。电网企业作为连接电力生产和消费的主要网络平台，是电力系统碳减排的核心枢纽，因此电网企业在积极推进自身减排的同时，还要保障新能源大规模开发和高效利用，服务好经济社会和行业减排，为实现双碳目标贡献智慧和力量。

为实现“碳达峰、碳中和”目标，国家电网有限公司和南方电网有限责任公司相继发布碳达峰、碳中和行动方案。国家电网有限公司从6个方面提出18项具体措施；南方电网有限责任公司从5个方面提出21项措施。

9.2.1.1　国家电网有限公司“双碳”行动方案

国家电网有限公司将充分发挥“大国重器”和“顶梁柱”作用，自觉肩负起历史使命，加强组织、明确责任、主动作为，建设安全高效、绿色智能、互联互通、共享互济的坚强智能电网，加快电网向能源互联网升级，争排头、做表率，为实现碳达峰、碳中和目标作出贡献。当好“引领者”，充分发挥电网“桥梁”和“纽带”作用，带动产业链、供应链上下游，加快能源生产清洁化、能源消费电气化、能源利用高效化，推进能源电力行业尽早以较低峰值达峰；当好“推动者”，促进技术创新、政策创新、机制创新、模式创新，引导绿色低碳生产生活方式，推动全社会尽快实现“碳中和”；当好“先行者”，系统梳理输配电各环节、生产办公全领域节能减排清单，深入挖掘节能减排潜力，实现企业碳排放率先达峰。

（1）推动电网向能源互联网升级，着力打造清洁能源优化配置平台。

1）加快构建坚强智能电网。推进各级电网协调发展，支持新能源优先就地就近并网消纳。在送端，完善西北、东北主网架结构，加快构建川渝特高压交流主网架，支撑跨区直流安全高效运行。在受端，扩展和完善华北、华东特高压交流主网架，加快建设华中特高压骨干网架，构建水火风光资源优化配置平台，提高清洁能源接纳能力。

2）加大跨区输送清洁能源力度。将持续提升已建输电通道利用效率作为电网发展主要内容和重点任务。“十四五”期间，推动配套电源加快建设，完善送受端网架，推动建立跨省区输电长效机制，已建通道逐步实现满送，提升输电能力3527万kW。优化送端配套电源结构，提高输送清洁能源比重。新增跨区输电通道以输送清洁能源为主，“十四五”规划建成7回特高压直流，新增输电能力5600万kW。到2025年，公司经营区跨省跨区输电能力达到3.0亿kW，输送清洁能源占比达到50%。

3）保障清洁能源及时同步并网。开辟风电、太阳能发电等新能源配套电网工程建设“绿色通道”，确保电网电源同步投产。加快水电、核电并网和送出工程建设，支持四川等地区水电开发，超前研究西藏水电开发外送方案。到2030年，公司经营区风电、太阳能发电总装机容量将达到10亿kW以上，水电装机达到2.8亿kW，核电装机达到8000万kW。

4）支持分布式电源和微电网发展。为分布式电源提供一站式全流程免费服务。加强配电网互联互通和智能控制，满足分布式清洁能源并网和多元负荷用电需要。做好并网型微电网接入服务，发挥微电网就地消纳分布式电源、集成优化供需资源作用。到2025年，公司经营区分布式光伏达到1.8亿kW。

5）加快电网向能源互联网升级。加强“大云物移智链”等技术在能源电力领域的融合创新和应用，促进各类能源互通互济，源—网—荷—储协调互动，支撑新能源发电、多元化储能、新型负荷大规模友好接入。加快信息采集、感知、处理、应用等环节建设，推进各能源品种的数据共享和价值挖掘。到2025年，初步建成国际领先的能源互联网。

（2）推动网源协调发展和调度交易机制优化，着力做好清洁能源并网消纳。

1）持续提升系统调节能力。加快已开工的4163万kW抽水蓄能电站建设。“十四五”期间，加大抽水蓄能电站规划选点和前期工作，再安排开工建设一批项目，到2025年，公司经营区抽水蓄能装机超过5000万kW。积极支持煤电灵活性改造，尽可能减少煤电发电量，推动电煤消费尽快达峰。支持调峰气电建设和储能规模化应用。积极推动发展“光伏+储能”，提高分布式电源利用效率。

2）优化电网调度运行。加强电网统一调度，统筹送受端调峰资源，完善省间互济和旋转备用共享机制，促进清洁能源消纳多级调度协同快速响应。加强跨区域、跨流域风光水火联合运行，提升清洁能源功率预测精度，统筹全网开机，优先调度清洁能源，确保能发尽发、能用尽用。

3）发挥市场作用扩展消纳空间。加快构建促进新能源消纳的市场机制，深化省级电力现货市场建设，采用灵活价格机制促进清洁能源参与现货交易。完善以中长期交易为主、现货交易为补充的省间交易体系，积极开展风光水火打捆外送交易、发电权交易、新能源优先替代等多种交易方式，扩大新能源跨区跨省交易规模。

（3）推动全社会节能提效，着力提高终端消费电气化水平。

1）拓展电能替代广度深度。推动电动汽车、港口岸电、纯电动船、公路和铁路电气化发展。深挖工业生产窑炉、锅炉替代潜力。推进电供冷热，实现绿色建筑电能替代。加快乡村电气化提升工程建设，推进清洁取暖“煤改电”。积极参与用能标准建设，推进电能替代技术发展和应用。“十四五”期间，公司经营区替代电量达到6000亿kWh。

2）积极推动综合能源服务。以工业园区、大型公共建筑等为重点，积极拓展用能诊断、能效提升、多能供应等综合能源服务，助力提升全社会终端用能效率。建设线上线下一体化客户服务平台，及时向用户发布用能信息，引导用户主动节约用能。推动智慧能源系统建设，挖掘用户侧资源参与需求侧响应的潜力。

3）助力国家碳市场运作。加强发电、用电、跨省区送电等大数据建设，支撑全国碳市场政策研究、配额测算等工作。围绕电能替代、抽水蓄能、综合能源服务等，加强碳减排方法研究，为产业链上下游提供碳减排服务，从供给和需求双侧发力，通过市场手段统筹能源电力发展和节能减碳目标实现。

（4）推动公司节能减排加快实施，着力降低自身碳排放水平。

1）全面实施电网节能管理。优化电网结构，推广节能导线和变压器，强化节能调度，提高电网节能水平。加强电网规划设计、建设运行、运维检修各环节绿色低碳技术研发，实现全过程节能、节水、节材、节地和环境保护。加强六氟化硫气体回收处理、循环再利用和电网废弃物环境无害化处置，保护生态环境。

2）强化公司办公节能减排。强化建筑节能，推进现有建筑节能改造和新建建筑节能设计，推广采用高效节能设备，充分利用清洁能源解决用能需求。积极采用节能环保汽车和新能源汽车，促进交通用能清洁化，减少用油能耗。

3）提升公司碳资产管理能力。积极参与全国碳市场建设，充分挖掘碳减排资产，建立健全碳排放管理体系，发挥产科研用一体化优势，培育碳市场新兴业务，构建绿色低碳品牌，形成共赢发展的专业支撑体系。

（5）推动能源电力技术创新，着力提升运行安全和效率水平。

1）统筹开展重大科技攻关。围绕碳达峰、碳中和目标，加快实施新跨越行动计划，同步推进基础理论和技术装备创新。针对电力系统双高、双峰特点，加快电力系统构建和安全稳定运行控制等技术研发，加快以输送新能源为主的特高压输电、柔性直流输电等技术装备研发，推进虚拟电厂、新能源主动支撑等技术进步和应用，研究推广有源配电网、分布式能源、终端能效提升和能源综合利用，推进科技示范工程建设。

2）打造能源数字经济平台。深化应用“新能源云”等平台，全面接入煤、油、气、电等能源数据，汇聚能源全产业链信息，支持碳资产管理、碳交易、绿证交易、绿色金融等新业务，推动能源领域数字经济发展，服务国家智慧能源体系构建。

（6）推动深化国际交流合作，着力集聚能源绿色转型最大合力。

1）深化国际合作与宣传引导。高水平举办能源转型国际论坛，打造能源“达沃斯”，加强国际交流合作，倡导能源转型、绿色发展的理念，推动构建人类命运共同体。全面践行可持续发展理念，深入推进可持续性管理，融入全球话语体系，努力形成企业推动绿色发展的国际引领。加强信息公开和对外宣传，积极与政府机构、行业企业、科研院所研讨交流，开门问策、集思广益，汇聚起推动能源转型的强大合力。

2）强化工作组织落实责任。建立健全工作机制，成立公司碳达峰、碳中和领导小组，统筹推进各项工作，协调解决重大问题。各部门、各机构、各单位细化分解工作任务，落实责任分工，扎实有效推进各项工作。科研单位集中骨干力量，加大科技攻关力度，解决发展“瓶颈”问题。

9.2.1.2 南方电网有限责任公司“双碳”行动方案

为服务国家碳达峰、碳中和目标实现，南方电网有限责任公司发布服务碳达峰、碳中和工作方案，将更大规模推动新能源发展、更大力度推进“新电气化”进程、更大范围推动跨省区能源资源优化配置等，勇当绿色生态发展先行者，构建以新能源为主体的新型电力系统。

（1）能源供应：服务新能源发展，推动能源结构优化。在能源供给环节，推动非化石能源加快发展，是构建以新能源为主体的新型电力系统的重要举措。根据工作方案，南方电网有限责任公司将大力推动能源供给侧结构优化调整，全力服务新能源接入和消纳。

到 2025 年，推动南方五省区新能源新增装机 1 亿 kW 左右，达到 1.5 亿 kW；非化石能源装机占比由 2020 年的 56%提升至 60%，发电量占比由 2020 年的 53%提升至 57%。到 2030 年，推动南方五省区新能源再新增装机 1 亿 kW 左右，达到 2.5 亿 kW；非化石能源装机占比提升至 65%，发电量占比提升至 61%。

为此，南方电网有限责任将成立海上风电服务公司，全力服务海上风电发展；推进水电绿色开发和沿海核电安全稳妥发展；加快阳江、梅州等抽水蓄能电站规划建设，推进城市中心调峰保安气电规划建设；加快推进储能技术规模化应用。

（2）能源配置：构建现代化电网，最大限度消纳清洁能源。随着碳达峰、碳中和工作的推进，新能源将大规模并网，给电网带来高比例可再生能源、高比例电力电子设备的“双高”挑战。工作方案提出，要全面建设安全、可靠、绿色、高效、智能的现代化电网，构建以新能源为主体的新型电力系统。建设坚强网架，推进城市电网升级和现代农村电网建设，保障电网安全稳定运行，提高新能源并网质量和效率。

工作方案提出，争取 2025 年前后新增清洁外电送入约 1000 万 kW，2030 年前再新增清洁外电送入约 1000 万 kW，新增区外送电 100%为清洁能源。

同时，大力推动低碳新技术创新发展，服务构建低碳新模式、新业态。例如开展《梯次利用动力电池规模化工程应用关键技术研究》等国家重点研发计划项目；建设广东桂山海上风电实验基地；组建技术攻关团队，重点研究高比例可再生能源并网消纳、远海风电柔性直流输电等技术。

工作方案还提出加快建设南方区域统一电力市场，完善“政府间协议＋市场”的跨省区电力交易机制，推动完善适应低碳发展的价格机制，积极参与碳排放权交易市场建设，服务构建适应低碳发展的体制机制。

（3）能源消费：加快“新电气化”，提高电能消费比重。把节约能源资源放在首位，落实全面节约战略。工作方案提出要全面服务能源消费方式变革，服务产业结构优化升级，在工业、交通、建筑、农业农村等各领域加快推动“新电气化”进程，持续开展节能服务，加强电力需求侧管理等，推动能源利用效率提升。

到2030年，助力南方五省区电能占终端能源消费比重由2020年的32%提升至38%以上，支撑南方五省区单位国内生产总值二氧化碳排放比2005年下降65%以上。具体而言，在粤港澳大湾区、海南自贸港等重点区域推广港口岸电、空港陆电、油机改电技术；在铁路、汽车运输等领域以电代油，提高交通电气化水平；利用“南网在线”智慧营业厅，推广节能技术应用；加快推进充电设施建设，力争2030年满足1500万辆以上电动汽车充电服务。

9.2.2 减排潜力

在“双碳”目标下，能源电力低碳转型发展进程将进一步提速，未来中国将逐步形成清洁低碳、安全高效的能源体系，能效水平持续提升，能源结构深刻调整，以满足建设现代化经济体系和人民美好生活的用能需求。下面对中国中长期能源电力发展的减排潜力进行分析。

1. 能源电力需求

在能源需求总量方面，近期能源需求增速逐步放缓，其中化石能源需求于2030年后进入快速下降通道。中国终端能源需求2030年前后达峰，峰值为40亿t标准煤左右，2060年下降至25亿t标准煤以下。一次能源需求总量峰值在60亿t标准煤左右。其中化石能源需求在2030年前达峰，峰值控制在45亿t标准煤左右，此后快速下降，2060年降至10亿t标准煤以内。

在能源利用效率方面，能效水平持续提升，单位GDP能耗有望于2050年前后达到世界先进水平。用能结构升级叠加节能潜力释放将推动能源利用效率持续提升，中国单位GDP能耗持续下降。人均一次能源需求将保持低速增长，人均能源需求在2030～2035年达到峰值，峰值水平为4.5t标准煤左右。

在终端能源部门结构方面，各部门需求格局加速演变，建筑和交通部门相继成为终端用能增长的主要动力。中国能源需求增长结构逐渐向均衡化演变，工业、建筑、交通部门用能结构2030年前约为6∶2∶2，2040年约为5∶3∶2，2055年后接近4∶3∶2。其中工业部门能源需求即将进入峰值平台期，2025～2030年间达峰，2035年后进入快速下降通道；建筑部门用能是中远期推动终端能源需求增长的主要动力，在2040年前持续缓慢增长；交通部门用能在2030年前保持较快增长，是近期终端能源需求增长的重要引擎。

在终端能源品种结构方面，电气化水平持续提升，电能终端用能比重在2060年将超过60%工业部门，电气化率稳步提升，建筑部门电气化率最高，交通部门电气化率增幅最大。终端用能结构中，电能逐步成为最主要的能源消费品种，2025 年前电能取代煤炭在终端能源消费中的主导地位。2030 年、2050 年和 2060 年电能占终端用能比重将分别达到 32%～35%，52%～60%和 62%～70%。工业部门电气化率将从 2020 年的 27%提升至 2060 年的 70%左右；建筑部门是电气化水平最高、潜力最大的终端用能部门，2060 年电气化水平有望超过 80%；交通部门电气化率增速最快，增幅最大，电气化水平将从 2020 年的 2%提升到 2060 年的 50%左右。

在电力需求方面，全社会用电量仍有较大增长空间，2045 年后进入饱和增长阶段，2060 年较 2020 年水平翻一番。我国电力需求将持续增长，增速逐步放缓。2030 年、2035 年、2050 年、2060 年分别达到 11.5 万亿～11.8 万亿、127 万亿～131 万亿、14.5 万亿～15.1 万亿、15.0 万亿～15.7 万亿 kWh。2060 年中国人均用电量将超过 12000kWh，介于日本、德国等高能效国家与美国、加拿大等高能耗国家之间。

2. 能源电力供给

在一次能源结构方面，非化石能源占比将在 2040 年前后超过 50%，成为中国能源供应的主体，2060 年该比例将超过 80%。一次能源低碳化转型趋势显著，2035 年后非化石能源总规模开始超过煤炭，到 2060 年占一次能源需求总量比重增至 80%～87%。风能、太阳能发展快速，2030 年后成为主要的非化石能源品种。

在能源安全方面，中国油气对外依存度未来整体呈下降趋势，中长期来看能源安全问题逐步好转，能源对外依存度将长期保持在 25%以下。中国石油和天然气对外依存度近中期将在高位徘徊，分别在 2030 年和 2035 年后加速下降，2050 年分别达到 36%～40%和 33%～37%，2060 年进一步降低至 19%～25%和 22%～27%。

在电源发展方面，电源装机容量将长期保持增长，电源结构清洁化转型加速推进，新能源逐步成为电源结构主体。预计 2025 年、2030 年、2060 年电源装机总容量将分别达到 31 亿、39 亿、65 亿 kW 左右。电源结构清洁化转型加速推进，2030 年、2060 年非化石能源发电量占比分别有望达到 50%、90%左右。风电和光伏发电等新能源快速发展，2035 年前后装机容量占比超过 50%，2045 年前后发电量占比超过 50%，2060 年装机容量达到 40 亿 kW 以上。为解决新能源大规模发展带来的电力、电量平衡与系统安全稳定运行问题，各类电源需要更加协调发展。气电、核电、水电等常规电源稳步发展。煤电装机容量峰值约为 13 亿 kW，远期演化为近零脱碳机组、灵活调节机组、应急备用机组 3 类角色。

在电力系统灵活性方面，除几类调节电源外，可调节负荷、抽水蓄能、新型储能快速发展，成为新型电力系统中助力新能源消纳的关键技术。可调节负荷逐步成为新型电力系统中重要的灵活性资源，2025 年、2030 年、2060 年规模分别有望达到 0.8 亿、1.2 亿、35 亿 kW，占最大负荷的比重分别约为 5%、7%、15%。储能方面，抽水蓄能和新型储能装机容量都将保持较快增长，预计 2025 年、2030 年、2060 年抽水蓄能装机将分别达到 0.6 亿、1.2 亿、4.5 亿 kW 左右，新型储能容量分别有望达到 0.3 亿、1.0 亿、

3.0 亿 kW 左右。

3. 能源电力碳排放

从能源碳减排趋势来看，能源燃烧二氧化碳排放量将于 2030 年前达峰，2035 年后进入快速下降通道，2060 年实现近零排放。能源燃烧二氧化碳排放量即将进入平台期，预计将于 2030 年前达峰，峰值为 105 亿～107 亿吨。2035 年后二氧化碳排放量快速下降。考虑 CCUS 碳捕集作用后，2050 年的能源燃烧二氧化碳净排放约为 22 亿～31 亿 t，2060 年降至 4 亿～14 亿 t。

从部门贡献来看，电力部门为能源碳减排做出显著贡献，近期以替代方式助力终端用能部门减排，远期以净零排放推动能源破排放大幅降低。电气化水平提升意味着更多碳排放从终端用能部门转移到电力部门，支撑工业、建筑、交通等终端用能部门碳减排。随着非化石能源发电量占比逐渐提升，电力部门碳排放将在 2030 年前达峰，峰值为 45 亿 t 左右；远期通过在火电和生物质发电机组加装 CCUS，电力部门 2060 年前后有望实现零排放，促进新能源燃烧碳排放大幅下降，助力碳中和目标实现。

9.3 江苏电网实时碳排放监测案例分析

2021 年 1 月 21 日，江苏电网碳结构电子沙盘完成省—地碳吸收功能验证，实时接入多源数据，具备省—地碳结构横向比对、纵向推演功能，实现碳排放实时多维度分析。至此，江苏电网成为国内首家具备电网碳排放实时分析的省级电网。

为落实好中央经济工作会议关于“做好碳达峰、碳中和工作”部署，国网江苏电力围绕“一体两翼生态圈”战略布局，优化调度运行管理策略，从清洁消纳、绿电入苏、高效供能等诸多领域推动电网转型升级。电力是中国碳排放占比最大的单一行业，所以能否掌握电网碳结构变化情况，具有重要意义。将各类电源的历史数据和实时数据接入该沙盘系统，将电力运行数据库与一次能源耗能信息网贯通，以“纵向推演，横向互核”模式，实现了全省电网碳结构的多维度分析。

（1）从时间上：江苏电网碳结构电子沙盘能够追溯“十二五”“十三五”期间江苏电网碳排放过程，并结合全网结构，推演“十四五”变化趋势。目前，国网江苏电力调控中心实现了对全省 6165 台风机、19224 组逆变器，774 座 10kV 及以上和 151675 户分布式光伏（380V）的信息采集和发电预测，并以此为基础，在电子沙盘上探索构建大时空高精度新能源功率预测系统，预测精度较全国平均精度高 5 个百分点。

（2）从空间上：通过江苏电网碳结构电子沙盘，电网分析人员能够清晰掌握江苏全省 13 个地区电网碳结构演变态势，助力地区电网调整发电计划，为国网江苏电力实践能源供应清洁化、能源利用高效化、能源配置智慧化赋能，为政府部门加强发展规划提供科学有力的决策支撑。

（3）从发电方式上：江苏电网碳结构电子沙盘实现了对江苏全省风电、光伏、水电、火电、储能及区外受电等运行动态的实时分析。目前，国网江苏电力完成了全省 102 台火电燃煤机组灵活性改造，平均调峰范围达 37%，提供最大深度调峰容量 435 万 kW。碳结构电子沙盘分析数据的引入，使得在统筹全省电力资源、启动深度调峰时，有了新的参考依据，可以根据全省实时负荷需求、电网碳排放情况，制定更加科学、环保的调度方式。

依托江苏电网碳结构电子沙盘分析成果，国网江苏电力将进一步优化电网调控方式，优先利用抽蓄电站、储能电站等清洁电源，提高对新能源发电波动的响应实时性，减少常规火电机组频繁调节的高耗能，促进江苏省早日实现碳达峰、碳中和目标。

10　碳市场与电力市场的耦合影响

2021年3月30日，生态环境部办公厅起草了《碳排放权交易管理暂行条例（草案修改稿）》，公开征集意见。《碳排放权交易管理暂行条例》是为了规范碳排放权交易，加强对温室气体排放的控制和管理，推动实现二氧化碳排放达峰目标和碳中和愿景，促进经济社会发展向绿色低碳转型，推进生态文明建设制定的条例，是全国碳排放市场建设迈出的重要一步。

电力行业是首个纳入全国碳市场的行业，碳市场的进一步发展势必对电力行业的发展产生重要影响。中国电力行业未来发展的方向是低碳化、清洁化，市场配置是能源资源配置和气候治理的最高手段，以电力市场和碳市场为主要手段的市场配置，其本质和共同目的都是促进中国电力行业向更加清洁、高效和低碳的方向发展。电力市场与电力行业碳市场目标具有一致性，互相影响，有耦合效应。电力市场和电力行业碳市场是对电力行业发展具有重要作用的两个市场化机制。两种机制分别由不同的政府机构负责管理，有不同的市场平台，在电力企业归属不同部门实施，虽然看似相互独立，但实际上两种机制的和谐搭配可以体现出市场机制的优化资源配置的作用，可以促进电力行业的结构转型。两个市场应该形成合力共同发展，但是目前全国碳市场、电力市场面临着协调和融合问题，本章对两个市场进行了分析，并对市场耦合进行了探究。

碳市场和电力市场的含义及在双碳目标实现中的作用

（1）碳市场：低成本、可持续的碳减排政策工具。碳排放权交易机制是在设定强制性的碳排放总量控制目标并允许进行碳排放配额交易的前提下，通过市场机制优化配置碳排放空间资源，为排放实体碳减排提供经济激励，是基于市场机制的温室气体减排措施；与行政质量、经济补贴等减排手段相比，碳交易机制是低成本、可持续的碳减排政策工具。

建立符合中国国情的碳市场对实现碳中和目标具有以下作用：①以市场机制应对温室气体排放的重大体制机制创新；②有助于激励排放实体低成本完成碳减排目标，助力中国实现温室气体排放总量控制和实现碳中和目标；③有助于将技术和资金导向低碳发展领域，推动企业发展新旧动能转换，倒逼企业淘汰落后产能、转型升级；④促进中国形成国际碳定价体系、提高气候变化领域的国际领导力。

（2）电力市场：助力扩展可再生能源消纳空间。

电力市场包括广义和狭义两种含义。广义的电力市场是指电力生产、传输、使用和销售关系的总和；狭义的电力市场即指竞争性的电力市场，是电能生产者和使用者通过协商、竞价等方式就电能及其相关产品进行交易，通过市场竞争确定价格和数量的机制。通过深入推进电力市场化改革，推动电力现货市场交易试点，开展跨省区的可再生能源电力现货交易，加快推动辅助服务市场建设等方式。

电力市场将对实现“双碳”目标有以下重要作用：①以市场化方式促进清洁能源消纳利用，推动能源结构持续优化；②加快能源互联网发展，加强生产与市场的深度融合，实现一体化决策，推进发电企业转型为综合能源服务企业；③提升机组灵活性，及时响应电网调控，有利于推进新型电力系统建设；④有助于协调作为主要碳排放行业的电力行业率先发挥碳市场的调节作用。

10.1 碳市场与电力市场的交易主体耦合关系

10.1.1 碳市场交易主体

1. 碳交易主体的概念界定

在碳交易体系中，交易主体是最具主观能动性和创新创造力的要素。从狭义角度看，交易主体是碳排放权交易过程中享有权利和承担义务的组织和个人。依据法律地位和权利义务不同，可分为转让方、受让方、交易辅助方和交易监管方。转让方与受让方是指直接参与碳排放权交易的合同主体，是碳排放权交易的核心主体。交易辅助方是指为碳排放权交易顺利完成而提供政策、技术、金融等服务的辅助机构，如自愿减排量核证机构、碳配额认证机构、金融机构、绿色基金等。交易监管方则是指监管碳排放权交易市场，保障交易合法有序运行的机构，主要指生态资源主管部门等具备监管职能的政府机构。

从广义角度看，碳排放交易主体是整个碳交易体系的组成部分，它们目标一致、分工协作、功能互补，共同组成碳交易结构图谱。哪些政府或市场主体能参与到碳交易中，以何种方式和身份（转让方、受让方、交易辅助方、交易监管方）参与到碳交易，根本上取决于碳交易模式的设计。

2. 现阶段对碳交易主体比较明确的规定

《碳排放权交易管理办法（试行）》（以下简称《管理办法》）和《碳排放权交易管理规则》（试行）（以下简称《管理规则》）对碳交易主体做出了完全一致的规定：重点排放单位及符合国家有关交易规则的机构和个人是全国碳排放权交易市场的交易主体。《管理办法》解释：属于全国碳排放权交易市场覆盖行业，并且年度温室气体排放量达到 2.6 万 t 二氧化碳当量的温室气体排放单位为重点排放单位。省级生态环境主管部门负责重点排放单位名录的制定，认为自身符合条件的企业也可主动申请，经核实符合规定条件的纳入重点排放单位名录。

根据生态环境部文件，中国现阶段石化、化工、建材、钢铁、有色、造纸、电力、航空 8 个行业为覆盖行业，上述行业中任一年度温室气体排放量达 2.6 万 t 二氧化碳当量（综合能源消费量约 1 万 t 标准煤）及以上的企业或其他经济组织为重点排放单位，有资格参与碳排放权交易，为交易主体。如存在下列情形之一的，省级环境厅应将相关主体移出重点排放单位目录：

（1）连续 2 年温室气体排放量未达到 2.6 万 t 二氧化碳当量；

（2）因停业或关闭等原因不再生产从而不再排放。如企业被移出目录，则丧失交易资格。

但需要提醒的是，按照“成熟一个批准发布一个的原则”，中国当前纳入全国碳排放权交易机构的参交易主体仅是 2225 家发电行业企业（实际参与不足 2225 家）。原因是发电行业管理规范，数据基础较好，而准确的数据基础是开展碳交易的前提。未来，随着报告核查能力、政府管理能力、技术水平的提升，碳交易市场将向更多行业开放。2021 年 6 月，生态环境部已向中国钢铁工业协会发出《关于委托中国钢铁工业协会开展钢铁行业碳排放权交易相关工作的函》，中国钢铁工业协会组建钢铁行业低碳工作推进委员会，从配额方案、系统测试、碳排放检测体系等方面开展工作。

3. 不同交易模式下的多方参与

（1）现阶段碳交易总模式。中国现阶段碳排放权交易产品为碳排放配额、核证自愿减排量。因获取方式不同，两类产品的交易模式各有特点，两种模式下的参与主体差异较大，如图 10-1 所示。

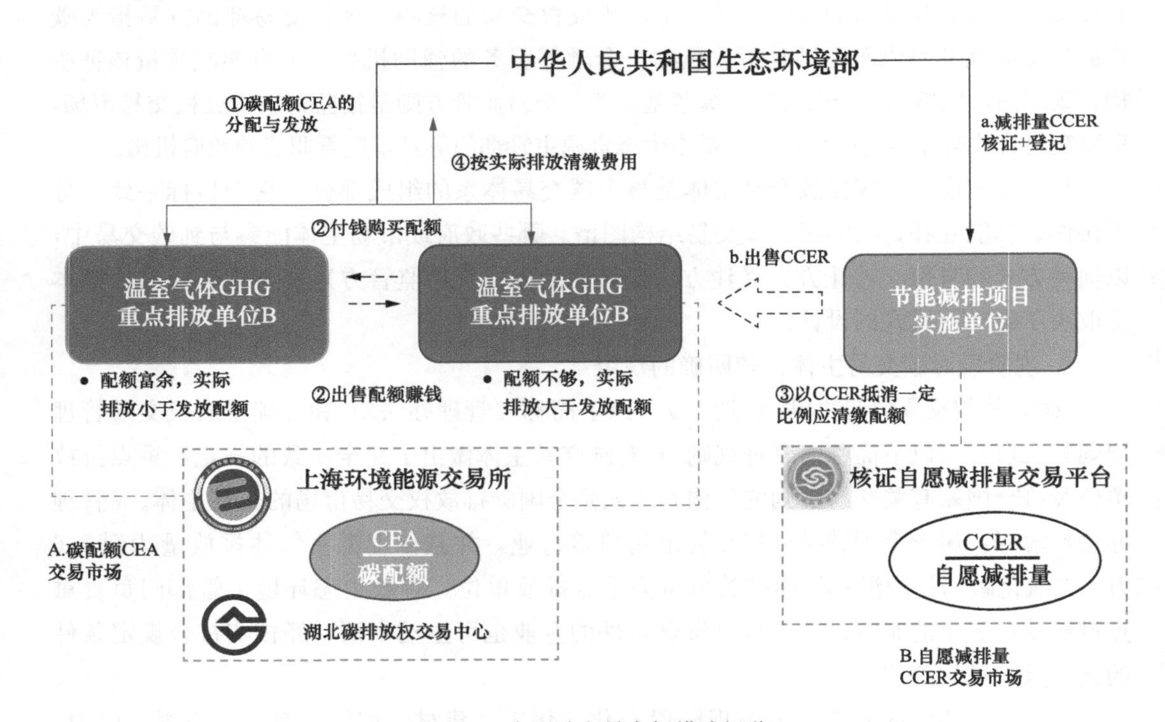

图 10-1 中国碳交易市场模式概览

（2）碳排放配额（Chinese Emission Allowances，CEA）的参与主体。CEA目前采取的是以强度控制为基本思路的行业基准法，由省级生态环境厅向本区域内重点排放单位分配年度配额，分配方式包括免费分配和有偿分配，现阶段以免费分配为主，后期将适时引入有偿分配机制，并逐步扩大有偿分配比例，如表10-1所示。因此，碳排放配额的获取由政府主导，仅限于纳入重点排放目录的单位间流转交易。CEA的交易模式相对简单，模式下的参与主体比较明确，如表10-2所示。

表10-1　碳排放配额分配方式

免费分配			有偿分配	
历史法	历史强度下降法	基准值法	拍卖	固定价格出售
根据排放单位自身历史排放情况计算分配配额	根据产品产量、历史排放强度值，减排系数计算分配配额	以确定的行业排放标杆值作为基础，结合产品产量来计算分配配额	由购买者竞标来决定配额价格	由出售者确定配额价格

表10-2　碳排放配额（CEA）的交易主体

转让方	受让方	交易辅助方	交易监督方
重点排放企业	重点排放企业	对排放报告进行认证的第三方机构	生态环境厅

（3）CCER的参与主体。CCER是中国境内可再生能源、林业碳汇（Carbon Sink，CS）、甲烷利用等项目的温室气体减排效果进行量化核证，并在国家温室气体自愿减排交易注册登记系统中登记的温室气体减排量。理论上，光伏发电、风力发电、森林林场等能减少二氧化碳排放量的项目，都可依据一定方法论并经国家备案核证机构核准后，成为CCER的提供方，因此CCER的转让方可以是光伏发电电力企业、国有林场、集体经济组织、林业局等。CCER采用抵消方式，重点排放企业可通过签订CCER购买协议，购买经过核证登记的CCER配额。按照《管理办法》，重点排放企业清缴配额的5%可通过CCER抵消。

因此，CCER的交易模式倾向于市场化，参与主体呈现类型多元、角色复杂的特点，如表10-3所示。

表10-3　核证自愿减排量（CCER）的交易主体

转让方	受让方	交易辅助方	交易监督方
光伏发电、风力发电、林场等持有CCER的企业	重点排放企业	核证机构、财务投资人、金融机构、碳资产运营企业	生态环境部门、林业部门、能源部门等

10.1.2　电力市场交易主体

1. 参加电力市场交易的主体

（1）电力市场的交易主体包括各类发电企业、售电企业、电力用户和独立的辅助服务提供商等。其中电力用户还可以具体细分为电力大用户和一般用户：电力大用户指进入直接交易目录的用电企业；一般用户指除电力大用户以外、允许进入市场的其他用电企业。

（2）符合准入条件且纳入省级政府目录（一般由各省的经济和信息化委员会或发展与改革委员会负责资格审查）的售电企业、电力用户、发电企业须向电力交易机构申请注册，取得市场主体资格后，方可参与电力市场交易。申请注册的发电企业和拥有配电网的售电企业须取得电力业务许可证，符合技术条件的独立辅助服务供应商，须向电力交易机构申请注册，取得市场主体资格后，方可参与辅助服务交易。不符合准入条件的电力用户、符合准入条件但未在电力交易机构注册的电力用户（非市场用户），由售电企业或电网经营企业代理开展交易，按售电企业约定价格或国家目录电价结算。

2. 各方市场交易主体在电力市场中的角色

电力市场交易分为电力批发交易和电力零售交易。电力批发交易（类似于之前发电企业与电力用户之间的“直接交易”）主要指发电企业与售电企业或电力大用户之间通过市场化方式进行的电力交易活动的总称。现阶段是指发电企业、售电公司、电力大用户等市场主体通过双边协商、集中竞价等方式开展的中长期电量交易。也就是说，这时售电公司是作为买方参加交易。电力零售交易指售电企业与中小型终端电力用户（一般用户）开展的电力交易活动的总称。也就是说，这时售电公司是作为卖方参加交易。售电企业应代理或汇总其售电量，并参与电力批发交易。

从这一点可以看出，目前阶段，发电企业可以参加电力批发交易，但不可以参加零售交易，而售电公司两种交易都可以参加。那么，发电企业成立售电公司的好处从这里就可以体现出来：既可以从批发交易中售出一部分电量，又可以通过自身的售电公司从零售交易中再售出电量。所以，发电企业通过售电公司可以扩大供电能力和供电范围。

10.1.3　碳市场与电力市场交易主体的关系

参与主体方面，当前电力市场参与主体包括发电行业、电力用户以及售电公司；碳市场参与主体仅包括发电行业，后续钢铁、水泥、电解铝等高耗能行业也将陆续进入，电力市场和碳市场覆盖主体范围日趋重叠。目前碳市场与电力市场参与主体一致，电力交易与碳交易存在着复杂的依存关系，众多电力企业积极参与这两个市场。从市场主体看，两者的主要市场主体存在高度重合。从企业发展的角度来说，碳市场与电力市场的耦合可以帮助电力企业更好地在减排目标下实现转型。从能源的利用角度来说，碳市场与电力市场的耦合可以在不增加弃风、弃光率的条件下，加快可再生能源利用速度。电力行业可再生能源转型的突破将对其他产业起到良好的示范作用。

鉴于我国的电力市场化程度、电力市场和碳市场的活性均有待提高，建议加强电力市场与碳市场的协同。应加快扩大碳市场规模，在碳市场中纳入更多其他行业的碳排放主体，以增加碳市场的流动性。

10.2 碳市场与电力市场的成本传导关系

2017 年底中国以电力行业为突破口启动了全国性碳市场，近几年电力市场也逐步成长起来。在电力市场报价中，相对于其他成本构成部分的变化，碳价格变化所引起的成本冲击特别适合于对价格传导进行分析。中国市场碳价传导过程中，其排放成本会通过成本内部化的途径变化，最终部分甚至全部以电价的形式传导至终端消费者，此即碳排放价格变动对电价的穿越效应。

10.2.1 碳市场与电力市场耦合对发电企业成本影响

发电企业由于具有碳排放量大、管理水平高、数据基础好等特点，在全国碳排放权交易市场启动之前就一直是各试点地区的重点参与对象。试点开展以来，所纳入的发电企业由于普遍存在配额缺口，基本都需要通过从市场购买配额完成履约。因此碳市场在促进企业能效的提高，降低排放强度的同时，配额的不足也导致发电成本的持续增加，在成本无法向下传导的情况下，压缩了发电企业的盈利空间。

从发电成本看，碳市场对企业带来了碳成本，影响其在电力市场的发电行为和市场交易上的竞争力。在价格影响方面，从发电侧看，火电企业在碳市场购买碳排放权将增加生产成本，并通过电力市场将成本向电力用户传导，最终反映在电价上；从用电侧看，绿电具有零碳特征，用户在电力市场购入绿电后其碳排放量将减少，从而降低碳排放权购买需求，抑制碳价上涨。

碳价向电价传导难度大。火电企业通过技术改造或在碳市场购买碳排放权，均将带来碳减排成本。当前全国碳市场碳价水平在 40～50 元/t 左右（折算为度电成本约 0.05 元/kWh），明显低于国际水平，随着碳市场配额分配日趋收紧，全国碳价将呈上涨趋势。欧盟碳市场碳价向电力市场传递率在 0～1 之间，中国电力市场化程度不及欧美，碳市场刚刚起步，碳价向电价传导更为困难。电力富余时，火电企业通常采用报低价策略，电价难以反映碳价成本；电力紧缺时，火电企业通常报高价来传导碳减排成本，从而推动电力用户更倾向于购买绿电。同时，火电企业难以向居民、农业等保障性电力用户传导碳价。面对碳价传导困难，火电经营效益将进一步下滑，从而降低系统发电容量充裕性，电力供应保障面临更大挑战。

碳市场与电力市场共同影响着电力企业的发展。碳市场将排放二氧化碳的成本内部化，缩小了新能源发电成本和化石能源发电成本的差距。在电力市场中，新能源发电企业在电力市场的比较优势增大，挤压化石能源发电企业的市场份额，电力行业的发电结构逐渐变为以可再生能源为主。通过市场中“看不见的手”，减少政府在推动可再生能源利用上的财政支出。因此，碳市场与电力市场的耦合，可以帮助发电企业更快地实现这一目标。

10.2.2 碳价与发电成本耦合对电力行业影响

碳交易市场运行后，碳价会与发电成本耦合，促进中国能源结构向新能源转型。这种耦合关系主要从三个方面影响电力行业：

(1) 从电源侧看：①碳市场抬高了高碳机组的发电成本。据长城证券研究院测算，以30万kW机组为例，对单机组在碳市场运行后的利润进行测算，假设运行初期火电企业需要购买自身排放总量2%的配额，碳价为50元，则火电度电成本增加0.00082元，净利润约下降2.83%；②后续纳入碳市场的CCER将提升可再生能源项目投资的经济性。全国碳市场未来会纳入CCER，假设可再生能源项目申请CCER成功后产生的减排量100%转化为配额进入碳市场交易，当碳价为50元，风光度电收入有望增加0.0408元。

(2) 从电网侧看：①火电机组成本上升可能提升其上网电价。在目前销售电价实行目录电价、上网电价市场化的情况下，发电企业的部分排碳成本无法向用户传导，或会增加电网企业购电成本；②电源结构的低碳化转型需要电网企业加快整体电力系统结构改造，为可再生能源消纳提供有力保障。碳市场的引入为可再生能源消纳机制提供了市场动力，电网企业要提高电网与新能源的适配度，保障电力市场、碳市场和可再生能源消纳市场的衔接；③全国碳市场运行将有利于电网企业的业务拓展。电网企业的海量数据与枢纽作用可以为全国碳市场运行提供不可替代的基础数据及平台支撑，同时还可开展碳资产管理信息平台建设，探索碳资产核查服务、碳资产金融服务等新业态，将碳资产业务和节能服务、配售电等新兴业务有机结合，形成企业新的利润点。

(3) 从用户侧看，目前碳市场没有直接影响，未来上海“碳普惠”推出后，将会推动用户用能习惯的改变，比如增加分布式发电项目开发、低碳出行、有序用电等。

电力市场和碳市场作为能源资源配置的有效手段，其目的都是促进中国能源以较低的成本实现清洁低碳转型，二者具有强一致性关系且通过互相作用而彼此影响。对电力行业而言，火力发电必然伴随着碳排放，需要统筹考虑碳排放约束与电力需求约束。同时低碳发展需要更高比例的可再生能源，进而产生可再生能源的消纳和定价问题，进一步影响碳市场和电力市场的成本传导关系。

10.2.3 新能源转型背景下碳成本传导方式

为了反映新能源绿色电力价值，需要绿电市场与碳市场协同，其核心在于碳成本对于电价的影响。由于煤电是电力市场和碳市场的主要参与主体，同时要兼顾煤电作为当前主要电源和保供主力的地位。平衡煤电、新能源的矛盾，需要合理设计碳成本的传导机制。碳成本传导主要有两种方式：

(1) 煤电成本的增加促进边际电价提升。在自由的电力市场环境下，煤电企业在电力市场报价策略中，将增加度电边际碳成本，从而影响电力市场出清顺序，导致机组发电边际成本增加，从而提升社会用电成本。在较高的电价环境下，有利于促进新能源等非化石电源的发展。

(2) 电力消费碳成本在消费侧的传导。消费侧碳核算时，如计及电力消费带来的二次成本，绿电零碳效果在核算时得到认可，必然导致绿电需求增加，这将导致新能源电力在绿电市场上产生溢价。理论上，只要绿电溢价低于对应量排放的碳成本，企业仍会优先购买绿电，所以绿电的绿色溢价将非常接近对应的碳价水平。

与欧盟等碳市场不同，中国碳市场计及消费侧电力间接排放。是否双重计算电力碳成本需要因地制宜地进行分析。欧盟的控排企业拍卖获得配额的比例较高，火电企业度电的碳边际成本跟拍卖获得配额的成本接近，理论上也与度电排放量（煤电约 800g/kWh）承担的碳价接近，即欧盟市场煤电边际碳成本约 0.3～0.4 元/kWh。借助较为健全的电力市场，碳成本可以通过电力市场边际电价提升进行传导，从而推动电力市场电价显著上升，实现了碳成本向终端的传递，也使新能源获得较大发展优势，有效促进能源电力绿色转型。在该情况下，再考虑用户电力的间接排放，确实重复计算了电力的碳成本，将抑制电力的使用。

中国情况则不尽相同。虽然中国近期加快电力市场改革，逐步实现由市场形成煤电价格。但中国碳市场仍难以大幅传导煤电碳成本，因为火电厂免费获得配额，同时火电机组配额按度电排放强度配置，基准法发放配额意味着每多发一度电都能获得相应配额，虽然当前碳价是 40～50 元/t（对应每度煤电碳成本 3～4 分钱），但煤电企业真正需要承担的碳成本是度电配额不足部分。当前火电机组配额相对比较充裕，这部分成本是微乎其微的（假定煤电度电配额缺额为 5%，度电碳边际成本约 1.5～2 厘钱，而当前实际上有富余），对电力市场价格影响很小，无法有力促进能源电力转型。但现阶段，该方式不会大幅提升煤电成本，不损害煤电保供的积极性。那么在消费侧考虑电力间接排放成为促进新能源发展和电力转型的主要动力。通过建立绿电市场，绿色电力在用户侧无需计及碳排放，从而促进绿电在电力市场上获得溢价，以提升新能源额外收益。与欧盟不同，中国将全社会边际电价提升变成定向支持新能源的绿电附加收益，实现了精准支持；也不误伤煤电的积极性，符合当前中国的发展现状。

以美国、欧盟等发达国家为例，碳市场与电力市场的同时存在能够有效地对电力行业二氧化碳排放实施管控。这是因为电厂生产增加的碳成本可以通过市场进行传导，继而实现优化电源结构与盈利模式，改善电力用户的用电习惯，促进技术进步和碳排放目标的完成。

目前中国的电力市场还处于初级阶段，电力市场在传导碳成本、消纳清洁能源、调整电源结构、改善电力用户的用电习惯等方面的效果尚未完全体现，电力行业整体的减排潜力也未被完全激发。因此目前中国电力行业开展碳排放交易，除了有为将来成熟的电力市场提供二氧化碳排放成本的价格信号作用之外，更承担着在现阶段倒逼电力行业开展技术改造，实现节能减排的作用。

不管是电力市场还是碳市场，它的本质和共同目标都是实现行业的低成本和清洁低碳发展。可再生能源发电是推动电力行业大幅度降低碳排放的重要手段，市场机制可以在其中发挥促进作用。随着可再生能源产业的不断发展和所占能源比例的增大，可再生能源发电成本将会进一步下降，而在电力市场和碳市场的共同作用下，可再生能源发电份额也会进一步增加。在高比例可再生能源发电的情况下，为保障系统安全可靠，应对可再生能源不稳定性和间歇性的特点，电力系统成本会出现回升。而保障系统可靠性的化石能源，尽管可能要为其碳排放支付相应的成本，却可以通过可再生能源发电企业在电力市场的辅助服务市场中得到补偿。

总之，随着电力市场化改革的深入进行，以及全国碳市场在电力行业中的开展，电力市场与碳市场的成本传导关系将会受到更多的关注。两个市场的完美搭配，将有益于发电企业的发展，提高发电效率，降低电力行业的整体碳排放，优化电力结构，并让电力投资指向更清洁的方向。

10.3 碳市场与电力市场协同的报价策略

10.3.1 碳市场与电力市场的价格联动

碳市场的建立和有效运行需要竞争性的电力市场。如果电力市场的资源配置机制以计划为主，那么碳价将不可避免地影响发电行业的整体利益和发展能力。尽管电力计划配置下的碳价仍可能以更强力度挤出高碳电源（特别是煤电），但也会使电力供求面临整体失衡风险，进而带来系统可靠性隐患，引发缺电、限电，由此造成的社会福利损失可能更高。如果政府以行政提价方式帮助发电行业传导碳成本，那么又会扭曲碳价的作用，降低碳市场对高碳电源的约束效果。此外，碳市场的作用除了引导碳排放主体优化投入行为、增强减排努力的作用外，还体现在通过包含碳成本的电价来引导电力用户节能减排。因此，电力市场中的电价发现效率和电力资源配置效率，在很大程度上决定了碳市场引导减排的效果能否充分实现。

碳价与电价价格走势相互关联。无论是碳市场形成的配额价格，还是碳税确定的税率都必然会影响电价，准确来说是推高电价。在电力市场化的条件下，碳价计入发电成本来影响电价，碳价变动能间接影响到电力市场，将波动传导至电力价格。碳价上涨，火电发电成本增加，电价就会上涨；电价上涨，电力供应增加，碳排放需求增加，碳价就会上涨。总体来看，电力市场价格和碳市场价格总体趋势呈强正相关性。碳交易市场通过电力交易在电力市场中产生关联，当一个市场的价格因外界因素产生波动时，另外一个市场的价格也会受到影响。

与世界上绝大多数国家采取的碳交易模式不同，中国没有设定绝对的碳排放总量上限。现阶段，碳成本对企业的影响有限，电价上涨的压力自然也小得多。

另一方面，由于目前只有发电企业参与市场，免费额度的多少至关重要。如果免费配额很高，只需要释放很有限的减排潜力，企业通过减排、增加发电量实现利润最大化；

如果免费配额接近了其减排的物理极限，那么无论碳价格上升到多高，由于缺乏减排潜力，碳市场将无法实现平衡。因此，碳市场价格在某些区间之外，可能会快速上涨，对减排成本高度敏感。

卓尔德环境研究（北京）中心对碳市场中碳价与电价的变化进行了模拟情景测算。在发放排放总量75%配额的情况下，市场形成了200元/t的碳价格。但是，机组并不会在很大程度上通过减少发电量减少排放，因此电力价格几乎不会上涨。

但是如果随着配额发放的收紧，免费额度逐渐逼近机组的最大减排潜力，那么碳价会陡然上升，电力价格也会随之增加。特别是在电力需求没有大幅度减少的情况下，机组无法通过减少发电量来满足排放限额。

电力市场与碳市场的协同发展、共同作用，可最大程度发挥市场机制在能源资源配置与气候治理方面的优化作用，推动优质、低价可再生能源的大规模开发、大范围配置、高比例利用。通过电力市场与碳市场的协调配合，碳市场实现了节能减排目的，电力市场疏导了发电企业成本，有效激发电力行业向清洁、低碳转型的巨大潜力。

10.3.2 “电—碳”协同下电力市场主体报价策略

对电力市场主体报价的研究，既是评估碳市场和电力市场资源配置效果的重要依据，也是协同推进碳市场与电力市场建设的重要依据。

报价在电力市场中的重要性不言而喻，它不仅反映了交易价格的属性，同时与最终获取的收益密切相关，又与市场竞争相互关联。在日前电能量市场，当前的规则是发电端报量又报价，按各自所在节点出清；购电侧报量不报价，将所有节点加权平均，形成全省统一结算点电价；针对不同的市场主体以及不同的阶段，有不同的报价策略。

（1）对于发电端来讲，在传统思维的惯性下总希望能够准确预测所在节点的出清电价，再确定自己的报价策略。但是这个策略不适用于当前电力市场，原因是：①在现货市场运行的初级阶段，由于历史数据积累不够，加上市场初期信息披露也不会特别充分，所以对节点电价的预测，稍有不慎就会失之毫厘，谬以千里；②在边际价格统一出清的规则下，自身的报价并不会决定自身的结算价，如果贸然按照预测的节点电价去报价，不一定能提高收益，却反而增加了损失发电收益的风险。

那么发电端正确的报价策略是：如果节点电价高于机组某一时刻出力对应的边际成本，这时发电量越大，收益也就越高。反之，如果节点电价低于机组某一时刻出力对应的边际成本，为避免亏损，应该让边际成本更低的机组替自己发电，然后通过中长期合约与日前市场的差价获取收益。由此不难看出，发电端在现货市场报价的最优策略是基于等微增成本来进行波段报价，且报价曲线必须紧贴等微增成本曲线，实现最佳拟合。这样才能保证机组永远在节点电价不小于边际成本的情况下发电，达到风险最小、收益最大的目的。

发电端在寻求利润最大化时，并非单独考虑每个小时的利润，而是寻求24小时或者更长时间内的总体利润最大化。煤电机组由于最小技术出力和启动成本约束，在特殊情况下发电端需要通过低于成本的报价，甚至是零报价来换取一个最优的启停时机，而不是简单地在市场价格低时停机，市场价格高时再开机。

对于发电企业来说，在电价大于平均变动成本时应开机，所有开机机组只要节点电价在其边际成本之上，就有动机提升出力水平以增加利润，直至边际成本等于节点电价或达到最大发电能力，如图 10-2 所示，图中 P 表示电价，AVC 表示平均变动成本。

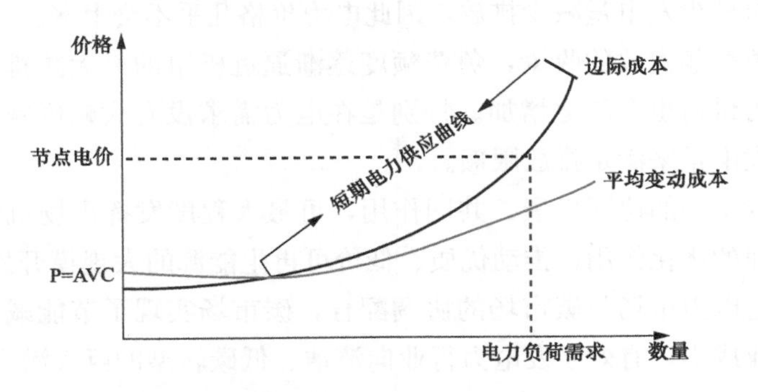

图 10-2　发电企业电力供应曲线图

在日前报价策略方面，日前机组应该根据边际成本曲线构建报价曲线，并考虑空载成本。

发电机组在现货市场中，一旦有其他机组的报价低于自己中长期合约电量的发电成本，电厂就愿意减少自己的中长期发电，通过差价合约的结算机制，由更低价的现货电来代替自己发电，以履行自己的中长期合约。虽然电厂在现货市场中减少了发电，但通过差价合约的结算，反而增加了自身的利润，实现了资源优化配置。

如现货试结算中未补偿空载成本，则应在现货报价时考虑此成本，如图 10-3 所示。

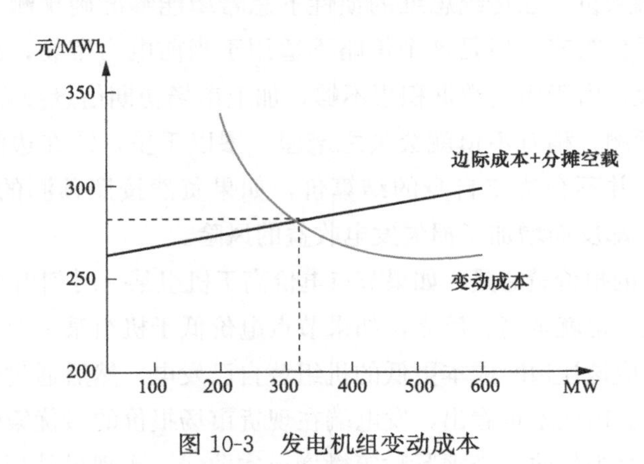

图 10-3　发电机组变动成本

机组第一段报价的出力终点为两条曲线的交点对应的出力，其报价为交点对应的价格。这样保证只要机组中标开机，度电收益不会在对应出力的平均变动成本之下。后续分段报价按照交点右侧的分摊空载成本后“边际成本”曲线递增报价，由于空载成本是按照最小技术出力分摊的，即使机组一直在最小技术出力运行，也可保证回收空载成本。

（2）对于购电方来说，现阶段只报量不报价，大用户需要提升自己负荷预测的准确率，确保申报电量的准确性，但是单用户负荷预测准确率并不高，世界先进水平也很难达到 90%，由此推测对用户来说选择被售电公司代理更划算。对于售电公司来讲，代理的用户数量越多，组合起来的负荷预测会更稳定，所以提升用户负荷预测以及组合负荷预测水平，提高申报准确率是至关重要的。

（3）对于售电公司来说，日前报价需要进行零售用户价值分析和风险电量的识别。售电公司首先需要基于用户用电行为与节点电价高低时段的关系对客户进行画像。对于高科技企业而言，负荷呈现连续、稳定的特点；一般制造业属于人力密集型企业，电价敏感度低，日间的负荷较高；高耗能企业电价敏感度高，负荷昼夜差较大。

售电公司可以针对不用画像的用户制定不同电费套餐，另外也可以推荐屋顶光伏、能效管理、储能、容改需等增值服务。

其次售电公司需要识别风险电量。若采用一口价的报价模式，对应的电量为高风险电量；若采用分时电价策略，则为中风险电量，承担部分时段电量现货价格波动的风险；若采用市场费率策略，售电价格按照现货均价浮动，风险较低。但如果用户高电价时段用电比例较大，依然存在一定风险。因此需要售电公司准确考核用户高电价时段的用电量，高电价时段有较多合约电量覆盖，从而达到降低风险的目的。

售电公司日前市场报价时，刚性负荷须保证成交，价格响应负荷根据零售价格曲线构建报价曲线。现货市场中，用电侧（售电公司）报价前须考虑负荷性质和零售电价格，刚性负荷报价一般为交易中心公布的价格上限，确保百分百成交；对于价格响应负荷，以零售电价格为报价基准，保证一旦成交，购售电收益为正，购电价格过高时，宁愿放弃该段负荷，以免产生负收益，如图 10-4 所示。

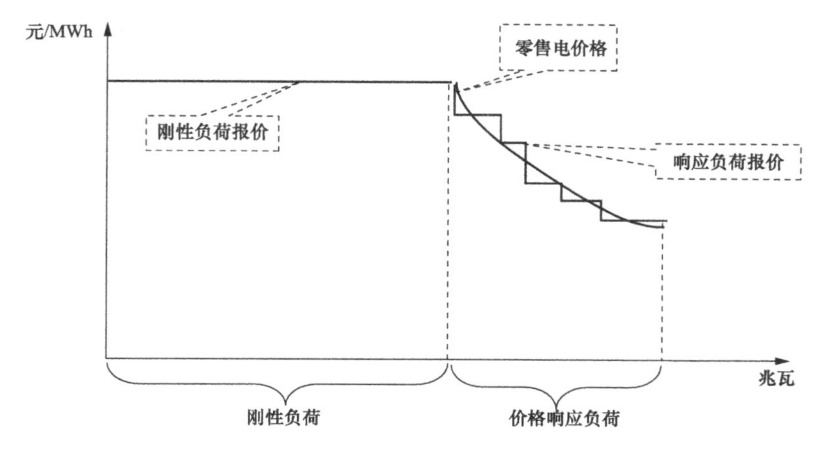

图 10-4 售电公司负荷变化图

10.4　碳市场与电力市场并行下对能源结构影响

10.4.1　能源结构的含义

能源结构指能源总生产量或总消费量中各类一次能源、二次能源的构成及其比例关系。能源结构是能源系统工程研究的重要内容，它直接影响国民经济各部门的最终用能方式，并反映人民的生活水平。

能源结构分为生产结构和消费结构。各类能源产量在能源总生产量中的比例称为能源生产结构；各类能源消费量在能源总消费量中的比例称为能源消费结构。

研究能源的生产结构和消费结构，可以掌握能源的生产和消费状况，为能源供需平衡奠定基础。查明能源生产资源、品种和数量以及消费品种数量和流向，为合理安排开采投资和计划以及分配和利用能源提供科学依据。同时，根据消费结构分析耗能情况和结构变化情况可以挖掘节能潜力和预测未来的消费结构。不同国家能源的生产结构和消费结构各不相同。能源生产的资源条件、人们对环境的要求、能源贸易以及社会的技术经济发展水平等因素的影响，都会使能源结构发生相应的变化。

10.4.2　“电-碳” 并行下能源结构低碳化转型发展

中国能源发展正处于转型变革的关键时期，面临着前所未有的机遇和挑战，能源生产和消费都在向更清洁、更低碳的方向转型。在此过程中，中国的能源市场化改革，特别是碳市场建设和电力市场化改革将为能源行业实现高效、经济的低碳化转型提供巨大支持。

实际上，不管是电力市场还是碳市场，它们的本质和共同目标都是实现行业的低成本和清洁低碳发展。而可再生能源发电是推动电力行业大幅度降低碳排放的重要手段，市场机制可以在其中发挥促进作用。随着可再生能源产业的不断发展和所占能源比例的增大，可再生能源发电成本将会进一步下降，而在电力市场和碳市场的共同作用下，可再生能源发电份额也会进一步增加。在高比例可再生能源发电的情况下，为保障系统安全可靠，应对可再生能源不稳定性和间歇性的特点，电力系统成本会出现回升。而保障系统可靠性的化石能源，尽管可能要为其碳排放支付相应的成本，但是却可以通过可再生能源发电企业在电力市场的辅助服务市场中得到补偿。

1. 双碳目标下面临的低碳化能源转型挑战

众所周知，中国的能源结构，富煤贫油少气，现在是世界上最大的能源消耗国，2020 年能耗折合标准煤将近 50 亿 t，碳排放将近 100 亿 t，占全世界碳排放 28%左右。中国的碳排放超过了“美国＋欧盟＋日本”三大经济体排放的总和，大约是美国的 2 倍，欧盟的 3 倍。中国煤炭消费占比仍然超过 50%，单位 GDP 能耗是世界平均水平的 1.4

倍，是发达国家的2.1倍，而中国单位能源碳排放强度是世界平均水平的1.3倍。当前中国碳排放基数大，且未来一段时期内仍将继续增长。要实现2060年碳中和目标，中国的减排速度需远超发达国家，转型力度前所未有，面临挑战史无前例。

发达国家这样的能源转型一般是三个阶段：首先是煤，然后过渡到石油天然气，最后才过渡到风电、光伏等新能源。而中国目前石油和天然气对外依存度分别是73%、43%，这意味着能源转型不可能依靠石油和天然气，需要跨越式进入新能源阶段。但是关于新能源电力产业也有一个所谓的“不可能三角”，即低成本、清洁环保与安全稳定之间，也就是成本，安全与环保之间只能选择两个目标，不可能三者同时实现。所以，在现有的技术条件之下，中国的能源低碳转型也同样面临巨大的挑战。

碳达峰、碳中和是一场广泛而深刻的经济社会系统性变革，明确了绿色低碳发展的时间表，将加速中国清洁低碳、安全高效的能源体系建设。期间，构建以新能源为主体的新型电力系统任务艰巨，同时，以煤炭为主的化石能源消费比重的下降趋势不可逆转。未来十年，可再生能源替代将由增量替代逐步向存量替代演进，煤炭消费量也将进入峰值平台区，而后逐步下降。

“碳中和”将推动风能、太阳能等零碳新能源发电进入规模化“倍速”发展，而新能源发电的规模化发展又依赖于两大市场建设：

（1）电力市场建设。受体制改革不到位、市场机制不健全、市场化程度低等影响，中国新能源发电一直存在限电、弃电等消纳难题。因此，未来应加快建设电力中长期电力市场、现货市场、辅助服务市和可能的容量市场等，出台新能源市场化发展政策，在全国统一电力市场设计中统筹新能源市场机制，使各种电力资源都能在市场交易中实现其经济价值，以促进新能源在更大范围、全电量市场化消纳。

（2）碳交易市场建设。碳交易市场作为一种低成本减排的市场化政策工具，已在全球范围内广泛运用。它主要有两个功能：①激励功能，即激励新能源产业或非化石能源产业，以解决减排的正外部性问题；②约束功能，即约束抑制化石能源产业，解决碳排放的负外部性问题，从而最低成本、最高效率地改变能源结构，提高能源效率，治理环境污染。应在总结梳理之前中国碳交易试点工作经验基础上，构建全国统一的交易市场，在碳排放配额、企业参与范围、产品定价机制等作出系统性的安排，以达到优化资源配置、管理气候风险、发现排放价格，从而低成本、高效率地减少碳排放的目标。

全国碳市场2021年7月上线，覆盖行业将由发电行业开始，逐步扩大到发电、石化、化工、建材、钢铁、有色金属、造纸和国内民用航空八个高排放行业。碳交易市场运行后，碳交易市场划分了各行业碳排放权重，从供给侧入手改变能源结构。以电力行业为例，碳交易市场运行后，碳价会与发电成本耦合，促进我国能源结构转型。碳交易市场运行后会从三方面影响电力行业，最终推动行业向可再生能源转型：①通过碳价削减高碳发电的经济性，使低碳发电更具有竞争力，鼓励行业从高碳发电向低碳发电转变；②提高了以高碳燃料为基础的电力价格，在市场电交易中削弱煤电竞争力，促使可再生电的消费量提升；③增厚新能源发电项目的利润，提升投资者对新能源发电项目的回报率预期，刺激企业对低碳技术和能源的投资。压缩煤电的利润空间，降低其投资回报率，使投资者减少对煤电的投资。

能源结构调整是实现碳达峰、碳中和的重要途径。从供给端看，需大力发展清洁能源，降低化石能源尤其是煤炭的消费占比。由于资源禀赋特点，我国能源供给体系以化石能源为主，而二氧化碳排放主要来自化石能源消费，其中煤炭排放占76.6%，石油排放占17.0%，天然气排放占6.4%。减少碳排放的重点之一是减少化石能源尤其是煤炭消费占比。从消费端看，需提高终端部门电气化率，加速化石能源替代。终端部门碳排放主要来自工业、建筑、交通3个领域，减碳重点是提升终端电气化率水平，减少化石能源消费。据中国能源研究会预测，到2060年中国终端部门电气化率将由现在的27%提升至64%。

2. 电力市场化交易促进能源行业低碳转型

电力行业是中国碳排放的主要行业，电力行业碳排放约占中国能源活动二氧化碳排放的40%。采取更加积极的减碳举措，推动电力行业低碳发展是中国应对碳中和目标的重要抓手。自20世纪80年代以来，全球多个国家都进行了电力市场化改革。通过一系列电力市场化交易体系和电力系统运行机制的改革，不仅实现了通过市场价格信号实现电力资源的优化配置，也通过市场手段促进了电力系统运行灵活性的提升，促进了以风电、光伏为代表的低碳电源的消纳。电力行业的市场化改革，不仅推动了用电价格信号的市场化，为用电侧的“再电气化”创造了便利条件，还有利于发电运行灵活性的增强，从供给端做到低碳转型。2015年3月15日，《中共中央国务院关于进一步深化电力体制改革的若干意见》（中发〔2015〕9号）出台，标志着我国新一轮电力市场化改革的启动。本轮改革旗帜鲜明地提出“加快构建有效竞争的市场结构和市场体系，形成主要由市场决定能源价格的机制”的市场化改革方向，同时将控制能源消费总量、提高能源利用效率、促进节能环保作为重要改革目标。因此，如何通过推进电力市场化改革，促进中国能源生产和消费的低碳化转型，已经成为中国能源领域重大课题。

电力市场在能源低碳转型中扮演着两类重要角色：①通过市场化交易，促进电力系统运行灵活性的提升，为风、光、水等低碳电源创造更大的消纳空间，从供给源头上实现低碳化转型；②通过合理的市场价格信号，在工业、交通、居民等诸多能源消费领域实现电能替代和能效提升，从能源消费侧实现“再电气化”进程的加速，从终端消费侧实现以低碳电能替代高碳排放的传统能源。

就能源供给侧而言，电力市场化改革的推进可以使电力系统运营机构（主要是电力调度机构）有更多的资源和能力来灵活调节电力系统。就传统而言，中国乃至全球出现的弃风弃光等现象，很多是由于电力系统灵活调节能力不足所导致。例如，过去几年中国“三北”地区，特别是东北地区调峰能力不足，冬季供暖期夜间用电低谷时段出现了风电消纳能力严重不足的现象，这导致了大量清洁风力发电潜能被浪费。通过推进深度调峰、启停调峰等电力辅助服务市场化改革，东北地区电力系统灵活性得到了很大提升，为风、光、核电等清洁低碳能源消纳提供了空间，并大幅度改善了低碳电源的消纳水平，为电能供给侧的脱碳、降碳作出了巨大贡献。

就能源消费侧而言，电力市场化的推进不仅可以实现传统电力负荷的能效改进，还可以借助电能替代等手段，实现终端能源利用的脱碳、降碳。通过推进电力市场化改革，更精细、合理的电价信号可以传递给终端电力用户，用户可以基于电价信号更为合理地规划自己的用电行为，例如参与基于分时电价削峰填谷，继而提升整个电力系统的运行效率。另外，更为精细、合理的电价信号，有利于更多终端用能向电力转化。例如供暖期夜间风电大发时段电力现货价格很可能会较低，可以帮助更多的居民供暖转为电供暖；丰水期的低电价配合电制氢等手段，可以推动交通运输环节的清洁化、低碳化；不同地理位置的电价差异，可以推动数据中心更合理地分配工作负荷。这些基于电力市场化改革的电价信号一旦能够传递到能源消费侧，就可以帮助终端用能环节实现脱碳降碳。但值得注意的是，终端用能环境的脱碳降碳，很大程度还要依赖于电能供给的低碳，特别是水、风、光、核等清洁电源占比的提升。

10.4.3 中国能源结构调整路径及目标

1. 能源优化路径

能源结构调整是中国能源发展面临的重要任务之一，也是保证中国能源安全的重要组成部分。2014 年底，国务院颁布的《能源发展战略行动计划 2014—2020》指出，中国优化能源结构的路径是要减少对化石能源资源的需求与消费，降低对国际石油的依赖，降低煤电的比重，大力发展新能源和可再生能源，把水电开发放到重要地位。到 2020 年，非化石能源占一次能源消费比重达到 15%；天然气比重达到 10%以上；煤炭消费比重控制在 62%以内；石油比重为 13%。

（1）降低国际石油依赖，保证石油安全。中国能源发展降低对国际石油的依赖是出于对石油安全的考虑。中国原油需求对外依存度的提高，无疑会给中国石油安全带来很大压力。石油安全是中国能源安全的核心，关系到国家根本利益和国民经济安全。在当前面临的百年未有之大变局背景下，中国能源发展战略仍然应该把石油安全放在关键位置。中国石油安全问题的根源是国内日益尖锐的资源与需求之间的矛盾，同时也受到国际石油价格波动的冲击。此外，中国对外石油资源不断增长的需求还会对全球石油安全的地缘政治产生不可忽视的影响。因此，中国应对石油安全挑战时应该着眼全球，从战略的高度借鉴发达国家与发展中国家的经验，降低石油进口依赖，积极参与国际石油市场竞争，加强国际石油领域合作，加快建立现代石油市场体系，建立完善现代石油储备制度，确保国家石油安全。

（2）降低煤电比重，保护生态环境。中国电力产业发展中，降低煤电的比重是节能减排和保护生态环境的需要。中国电力产业结构的不合理主要表现在两个方面：①电源结构不合理。从电源结构来看，主要是水电开发速度不快，核电和地热发展缓慢，小火电所占的比例仍然较大。火电装机比重过大造成对煤炭的需求越来越大，同时电力用煤需求不断增加直接导致电力行业对煤炭供应和铁路运输的依赖度越来越高，给节能减排造成巨大压力。②电源布局不合理。主要是中国东、中、西部地区能源资源分布不均，东部沿海地区煤电装机过多、过密，造成环保压力加大。因此推进节能减排，发展中国电力产业，必须调整电源生产结构，优化电源布局结构，构建以优化发展煤电为重点，加快发展新能源，合理布局东、中、西部电源结构的电力产业发展模式。

（3）大力发展新能源和可再生能源。从世界能源发展趋势来看，新能源和可再生能源的开发利用将成为未来能源发展的主要热点。在各种新能源和可再生能源的开发利用中，以水电、核电、太阳能、风能、地热能、海洋能、生物质能等新能源和可再生能源的发展研究最为迅速。中国要学习借鉴发达国家的技术和经验，大力推进水、风、太阳能、核能等多种发电形式，积极利用生物质能，并把其作为能源安全战略的重要组成部分，加快其发展，逐步降低对石化能源的过度依赖。在碳中和、碳达峰愿景的加持下，可以预计，未来二三十年内，新能源和可再生能源将成为中国发展最快的新型产业之一。面对新能源和可再生能源发展现状，中国政府当务之急是建立一套完整的新能源和可再生能源技术发展路线图，尽快整合现有产业资源，把现有资源、扶持政策体系及未来十多年的能源投资格局理顺，打造高效率的新能源和可再生能源发展的宽松环境，以能源的可持续发展和有效利用来支持中国经济社会的可持续发展。

（4）把水电开发放到重要地位。把水电开发放到中国能源结构调整的重要地位，这是由中国能源发展的国情决定的。中国是世界第二大能源生产国，也是世界第二大能源消费国。以煤炭为主的能源结构决定了中国燃煤机组在总体电源构成以及火电中的主体地位，这使得环境问题日趋严重。因此，中国能源发展如何减少燃煤数量以缓解资源短缺和减少相应的环境污染，已成为当务之急，而积极开发水电是解决这一问题的有效途径之一。水电是一种经济、清洁的可再生能源。水电的能源属性使开发水电成为常规能源优质化、高效化利用的重要途径之一，开发水电对于建立可持续发展的能源系统具有重要意义。因此水电开发应该放在中国未来能源发展的优先地位。开发水电可以有效改善中国能源结构。中国水能资源是仅次于煤炭资源的第二大能源资源，中国是世界上水能资源总量最多的国家。如果开发充分，至少每年可以提供 10 亿～13 亿 t 原煤的能源。由此可见，开发水电可以有效改善中国能源结构，利用好丰富的水能资源是我国能源政策的必然选择。

（5）提高天然气消费比重。坚持增加供应与提高能效相结合，加强供气设施建设，扩大天然气进口，有序拓展天然气城镇燃气应用。按照西气东输、北气南下、海气登陆的供气格局，加快天然气管道及储气设施建设，形成进口通道、主要生产区和消费区相连接的全国天然气主干管网。到 2020 年，天然气主干管道里程达到 12 万 km 以上；扩大天然气进口规模；加大液化天然气和管道天然气进口力度。

2. 能源结构调整目标

到 2030 年，中国单位国内生产总值二氧化碳排放将比 2005 年下降 65%以上，非化石能源占一次能源消费比重将达到 25%左右，森林蓄积量将比 2005 年增加 60 亿 m^3，风电、太阳能发电总装机容量将达到 12 亿 kW 以上。

10.4.4 能源结构调整下的能源服务转型

在基于能源变革的新时代发展背景下，能源企业的转型发展已经成为全球性趋势，从生产型向服务型转型发展是能源企业实现双碳目标的必经之路。中国各类能源企业在探索开展综合能源服务业务以及向能源行业全产业链服务延伸发展的道路上起步相对较晚，但呈现出强劲的业务转型发展态势。全社会综合能源服务是以支持建设现代能源经济体系、推动能源经济高质量发展为愿景，以满足全社会日趋多样化的能源服务需求为导向，提供多能源品种、多环节、多客户类型、多种内容、多种形式的能源服务。综合能源服务公司的业务活动具有能源性、综合性、服务性、链—网性等特点。

中国在能源战略、规划、财政、价格、税收、投融资、标准等诸多方面已经出台和实施了为数众多的综合能源服务发展相关支持政策，能源领域的体制机制改革也在加快推进中，这为综合能源服务的发展创造了良好的政策环境。在政策、资本、市场的共同作用下，中国能源技术创新进入高度活跃期，新的能源科技成果不断涌现；以“云大物移智”（云计算、大数据、物联网、移动互联网、智慧城市）为代表的先进信息技术正以前所未有的速度加快迭代，并加速与能源技术的融合；综合能源服务可望得到有力的技术支撑。综合考虑政策环境、技术支撑等因素，中国综合能源服务市场需求巨大，发展前景广阔，发展趋势向好。

参 考 文 献

[1] 高帅，李梦宇，段茂盛等.《巴黎协定》下的国际碳市场机制：基本形式和前景展望 [J]. 气候变化研究进展，2019，15 (3)：222-231.

[2] 卢延琦. 基于CCER项目的企业自主减排制约因素研究 [J]. 中国石油大学，2016，15-18.

[3] 郑爽，等. 全国七省市碳交易试点调查与研究 [M]. 北京：中国经济出版社，2014.

[4] 孟早明，葛兴安，等. 中国碳排放权交易实务 [M]. 北京：化学工业出版社，2017.

[5] 王婷，蔺洁，张汉军. 主要国家新能源政策进展及启示 [J]. 全球科技经济瞭望，2019，34 (06)：9-15+62.

[6] 易兰，贺倩，李朝鹏，杨历. 碳市场建设路径研究：国际经验及对中国的启示 [J]. 气候变化研究进展，2019，15 (03)：232-245.

[7] 郭乾. 碳排放权交易体系建设的国际经验及启示 [J]. 河北金融，2021 (11)：25-28.

[8] 边文越，陈挺，陈晓怡等. 世界主要发达国家能源政策研究与启示 [J]. 中国科学院院刊，2019，34 (04)：488-496.

[9] 张妍，李玥. 国际碳排放权交易体系研究及对中国的启示 [J]. 生态经济，2018，34 (02)：66-70.

[10] 杨洁. 国际碳交易市场发展现状对我国的启示 [J]. 中国经贸导刊，2021 (16)：24-26.

[11] 陈向国. "电""碳"市场耦合共推电力行业低碳发展 [J]. 节能与环保，2019 (05)：16-17.

[12] 张森林. 基于"双碳"目标的电力市场与碳市场协同发展研究 [J]. 中国电力企业管理，2021 (10)：50-54.

[13] 帅云峰，周春蕾，李梦，胡军峰，王鹏. 美国碳市场与电力市场耦合机制研究——以区域温室气体减排行动 (RGGI) 为例 [J]. 电力建设，2018，39 (07)：41-47.

[14] 赵长红，张明明，吴建军，袁家海. 碳市场和电力市场耦合研究 [J]. 中国环境管理，2019，11 (04)：105-112.

[15] 孙友源，郭振，张继广，秦亚琦. 碳市场与电力市场机制影响下发电机组成本分析与竞争力研究 [J]. 气候变化研究进展，2021，17 (04)：476-483.

[16] 朱丽洁. 中国碳交易价格与电力价格相关性研究 [J]. 中国林业经济，2021 (02)：52-55.

[17] 彭纪权，金晨曦，陈学通，倪逸林. 我国电力市场与全国碳排放权交易市场交互机制研究 [J]. 中国能源，2020，42 (09)：20-24+47.